社区（老年）教育系列丛书

生活垃圾分类

主　编　唐卫平

郑州大学出版社

图书在版编目(CIP)数据

生活垃圾分类 / 唐卫平主编. —郑州:郑州大学出版社,
2022.6
(社区(老年)教育系列丛书)
ISBN 978-7-5645-8703-1

Ⅰ.①生… Ⅱ.①唐… Ⅲ.①生活废物-垃圾处理
中老年读物 Ⅳ.①X799.305-49

中国版本图书馆 CIP 数据核字(2022)第 086926 号

生活垃圾分类
SHENGHUO LAJI FENLEI

选题策划	孙保营　宋妍妍	封面设计	耀东设计
责任编辑	宋妍妍	版式设计	陈　青
责任校对	孙　泓	责任监制	凌　青　李瑞卿
出版发行	郑州大学出版社	地　　址	郑州市大学路 40 号(450052)
出 版 人	孙保营	网　　址	http://www.zzup.cn
经　　销	全国新华书店	发行电话	0371-66966070
印　　制	河南美图印刷有限公司		
开　　本	787 mm×1 092 mm　1/16		
印　　张	9.5	字　　数	111 千字
版　　次	2022 年 6 月第 1 版	印　　次	2022 年 6 月第 1 次印刷
书　　号	ISBN 978-7-5645-8703-1	定　　价	42.00 元

社区(老年)教育系列丛书

编写委员会

《生活垃圾分类》

作者名单

主　　编　唐卫平

副主编　苏明阳

编　　委　（按姓氏笔画排序）

陈方琳　唐靖哲

前　言

近年来，随着经济社会快速发展和物质生活水平的不断提高，我国生活垃圾产生量也迅速增长。目前我国生活垃圾年产量超过四亿吨，这不仅造成资源浪费，也使环境隐患日益突出，成为经济社会持续健康发展的制约因素、人民群众反映强烈的突出问题。

实施生活垃圾分类处理关系千家万户美丽生活的创造，习近平总书记一直牵挂在心：在中央财经领导小组第十四次会议上，强调“普遍推行垃圾分类制度”；在上海考察时，指出“垃圾分类工作就是新时尚”；在北京考察时，鼓励老街坊们“养成文明健康的生活方式，搞好垃圾分类和环境卫生”……2019 年 6 月，习近平总书记又对垃圾分类工作做出重要指示，“实行垃圾分类，关系广大人民群众生活环境，关系节约使用资源，也是社会文明水平的一个重要体现”。

总体上我国垃圾分类覆盖范围还很有限，垃圾分类收运和处置设施依然存在短板，群众对垃圾分类的思想认识仍有不足。不少地区垃圾分类的深入性、全面性和持久性还不够，垃圾分类进展较为迟缓，效果难尽人意。究其原因，一是垃圾分类宣传引导不到位，宣传内容含糊笼统，理论强调垃圾分类的重要性，却不注重垃圾分类的实践，导致群众无从下手；二是不少群众对垃圾分类的重要性认识不充分，对垃圾分类的常识和方法知之甚少。加上很多人觉得垃圾分类给生活带来很多麻烦，不想分类、不会分类的问题仍然较为突出，垃圾分类的习惯养成更无从谈起。由此可见，加强垃圾分类知识教育非常重要。

2018年9月，《河南省生活垃圾分类管理制度实施方案》出台，指出要按照“政府推动、全民参与，因地制宜、循序渐进，完善机制、创新发展，协同推进、有效衔接”的基本原则，逐步推动生活垃圾分类。郑州市作为国务院确定的全国生活垃圾分类46个重点城市之一，2018年四季度排名第12位，垃圾分类处理工作取得了一定程度的进展。2019年河南省18个省辖市全部启动生活垃圾分类，2020年底，基本建立垃圾分类相关法规、政策制度和标准体系，在全省所有省辖市城区范围内实施生活垃圾强制分类，初步形成全社会参与的浓厚氛围。

河南省省辖市生活垃圾坚持分类试点先行，开展示范片区建设，以社区为着力点全面推进，故在此工作推进过程中，社区服务工作人员垃圾分类知识的掌握显得尤为重要。老干部和老党员在社区日常工作中起着先锋模范作用，让他们先学会垃圾分类，先行先试，能更好地带动和督促邻居及亲朋好友。此外，家庭是生活垃圾产生和处理的第一站，老年人又是现今家庭生活的核心，向其宣传生活垃圾分类知识，将起到事半功倍的效果。

《生活垃圾分类》的编写对于动员全社会实施生活垃圾分类处理，引导人们形成绿色发展方式和生活方式，共同为建设美丽中国贡献智慧和力量，具有十分重要的意义，也使得建设一本切入点明确、能有效指导实践的老年教育用书具有很大的必要性。

本书具体分工如下：第一章由河南工业职业技术学院唐卫平撰写；第二章、第三章由河南工业职业技术学院苏明阳撰写；第四章、第五章由河南工业职业技术学院陈方琳撰写；第六章由河南工业职业技术学院唐靖哲撰写。全书由唐卫平、苏明阳负责统稿、定稿工作。

由于编者学术视野、研究能力有限，难免出现以偏概全、挂一漏万等学术浅见，请读者在阅读、学习、使用过程中不吝赐教，以备我们对本书进一步修改完善。

唐卫平

2022 年 1 月

目　录

第一章　揭秘生活垃圾

地球为我们提供了美丽的生活环境，但随着社会经济的发展和城市人口的高度集中，生活垃圾的产量也在逐渐增加，造成了严重的环境污染问题，我们美丽的家园正在被垃圾包围。

第一节　生活垃圾基本概念

根据《中华人民共和国固体废物污染环境防治法》（中华人民共和国主席令第58号）的定义，固体废物是指在生产、生活和其他活动中产生的丧失原有利用价值或者虽未丧失利用价值但被抛弃或者放弃的固态、半固态和置于容器中的气态的物品、物质以及法律、行政法规规定纳入固体废物管理的物品、物质。

生活垃圾则是指在日常生活中或者为日常生活提供服务的活动中产生的固体废物以及法律、行政法规规定视为生活垃圾的固体废物。

一、生活垃圾的来源

根据中华人民共和国住房和城乡建设部颁布的标准《生活垃圾产生源分类及其排放》规定，生活垃圾主要来自于居民家庭、清扫保洁、园林绿化作业、商业服务网点、商务事务办公机构、医疗卫生机构、交通物流场站、工程施工现场、工业企业单位以及其他场所。

2014 年我国生活垃圾清运量 17860.2 万吨，2016 年突破 20000 吨，2019 年增至 24637 万吨（图 1-1）。日前，住建部发布 2020 年城乡建设统计年鉴，2020 年我国生活垃圾清运量达 23512 万吨。

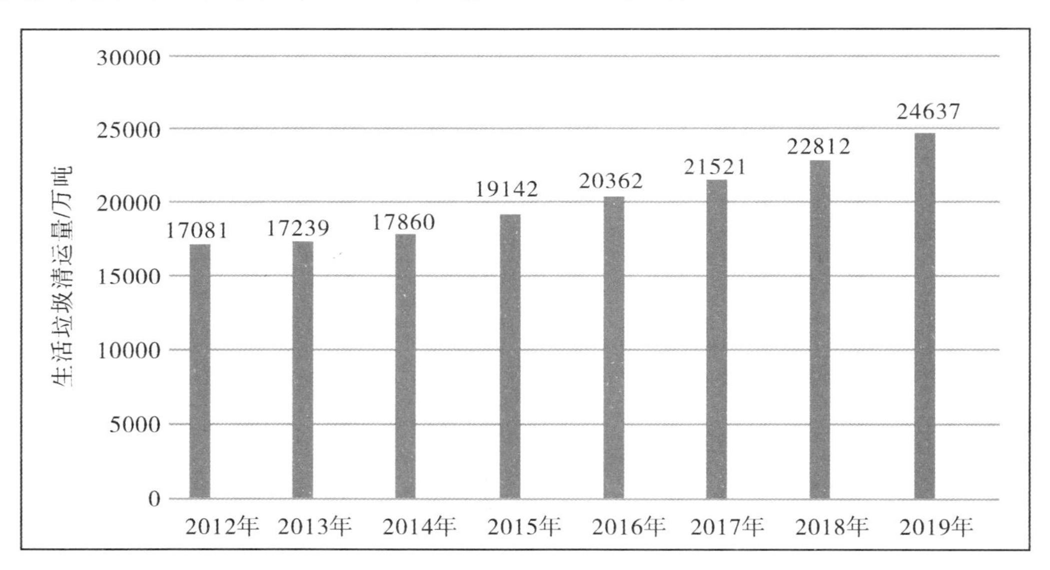

图 1-1　2012—2019 年我国生活垃圾清运量

垃圾是城市发展的附属物，城市每年产生上亿吨的垃圾。中国人口增长以及城乡一体化发展脚步不断加快，城镇人口逐步集中，生活习惯和环境均有了较大的改变，而伴随而来的就是越积越

多的生活垃圾，这对城镇生活环境带来了很大压力，垃圾处理就成了和我们生活息息相关的事情。根据生态环境部 2018 年 12 月公布的《2018 年全国大、中城市固体废物污染环境防治年报》，2013 年至 2017 年我国城市生活垃圾产生量的复合增长率为 5.75%。

2017 年 202 个大中城市生活垃圾产生量为 2.02 亿吨，较 2016 年均有所提高。北京市城市生活垃圾产生量全国第一，达 901.8 万吨，占全国生活垃圾总产生量的 4.47%；上海、广州分别位居第二、第三，城市生活垃圾产生量分别为 899.5 万吨、737.7 万吨，分别占全国生活垃圾总产生量 4.45%、3.65%。全国城市生活垃圾排名前十的城市占全国生活垃圾总产生量的 28.16%，排名前十的城市中，广东省占据四席，分别为广州、深圳、东莞、佛山，四个城市占全国生活垃圾总产生量的 10.51%。

2017 年北京、上海、广州、深圳常住人口数量分别为 2171 万人、2418 万人、1455 万人、1253 万人，广州人均城市生活垃圾产生量达 5070 千克，位居全国第一，深圳、北京分别位列第二、第三，人均城市生活垃圾产生量分别为 4821 千克、4154 千克，上海人均城市生活垃圾产生量为 3720 千克。

高速发展中的中国城市，正在遭遇“垃圾围城”之痛。一边是不断增长的城市垃圾，一边是无法忍受的垃圾恶臭，成为城市垃圾处理中的棘手问题。

二、生活垃圾的危害

生活垃圾的大量增加,使垃圾处理越来越困难。如果处置生活垃圾不恰当,不但占用大量的土地,而且还污染水体、大气、土壤,危害农业生态,影响环境卫生,传播疾病,对生态系统和人们的健康造成危害。

(一)污染水体

生活垃圾中含有一定量的病原微生物,在堆放腐败过程中也会产生高浓度的弱酸性渗滤液,会溶出垃圾中含有的重金属,包括汞、铅、镉等,形成有机物、重金属和病原微生物三位一体的污染源。随意堆放的垃圾或简易填埋的垃圾,其所含水分和淋入垃圾中的雨水产生的渗滤液会流入周围地表水体,造成水体黑臭等污染,也会对地下水造成污染,主要表现为使地下水水质混浊,有臭味,COD(化学需氧量)、氨氮、硝酸氮、亚硝酸氮含量高,油、酚污染严重,大肠菌群超标等。

(二)污染大气

生活垃圾的堆放或简易填埋,会使得垃圾中的粉尘和细小颗粒物随风飞扬。垃圾中的有机物会由于微生物作用产生腐烂降解,释放出大量有害气体,控制不好会危害周围大气环境(图 1-2)。另外,如果生活垃圾随意焚烧,会造成大量有害成分挥发以及二噁英等物质的释放,未燃尽的细小颗粒也有可能进入大气而造成污染。生活垃圾的卫生填埋也会产生大量的填埋气,填埋气的主要成份

为甲烷和二氧化碳，具有很强的温室效应，其中还含有微量的硫化氢、氨气、硫醇和某些微量有机物等，填埋气若得不到有效收集和处理，还有可能引起火灾、发生爆炸事故等。

图 1-2 雾霾天焚烧垃圾造成空气污染

（三）污染土壤

堆放的生活垃圾，不仅侵占大量土地，而且垃圾中含有的塑料袋、废金属、废玻璃等有毒物质会遗留土壤中，难以降解，严重腐蚀土地，造成土壤污染并有可能危害农业生态。此外生活垃圾有害成分的渗滤液通过土壤孔隙向四周和纵深的土壤迁移，破坏了土壤的结构和理化性质，使土壤保肥、保水能力下降，进而对土壤中生长的植物产生污染，有时还会在植物体内积蓄，在人畜食用时危及人畜健康。

（四）影响自然景观

在城郊的生活垃圾堆一般具有不良外观，容易滋生蚊蝇、蛆虫和老鼠且散发恶臭，危害人体健康并影响市容。另外由于垃圾乱丢乱弃，水面上漂着的塑料瓶和饭盒，树上挂着的塑料袋、卫生纸等更是严重影响了自然景观的观瞻。

（五）影响人体健康

生活垃圾中含有大量微生物，是病菌、病毒、害虫等的滋生地和繁殖地，蚊蝇、飞鸟、老鼠在垃圾池、填埋场活动，会把垃圾中的病原体带到其他地方，严重危害人身健康。

第二节　生活垃圾分类

城市中每天产生数量庞大的生活垃圾，设想一下，如果没有经过分类而混合丢弃，再没有及时清运的话会产生什么结果？那绝对是一场灾难！

一、生活垃圾分类概述

为了脱离“垃圾围城”的困境，各国纷纷出台了各项政策，通过垃圾分类的标准化，实现“变废为宝”，减轻城市环境压力。

垃圾分类是对垃圾收集处置传统方式的改革，是对垃圾进行有效处置的一种科学管理方法。每个人每天都会扔出许多垃圾，而垃圾分类是对垃圾进行科学处理的前提，也是我国生态文明建

设中的重要一环。那么,何为垃圾分类呢?

(一)垃圾分类的定义

垃圾分类是指按照一定规定或标准将垃圾分类投放,并通过分类清运和回收使之转变成公共资源的一系列活动的总称,目的是提高垃圾的资源价值和经济价值,力争物尽其用,减少垃圾处理量和处理设备,降低处理成本,减少土地资源的消耗,具有社会、经济、生态等几方面的效益(图1-3)。

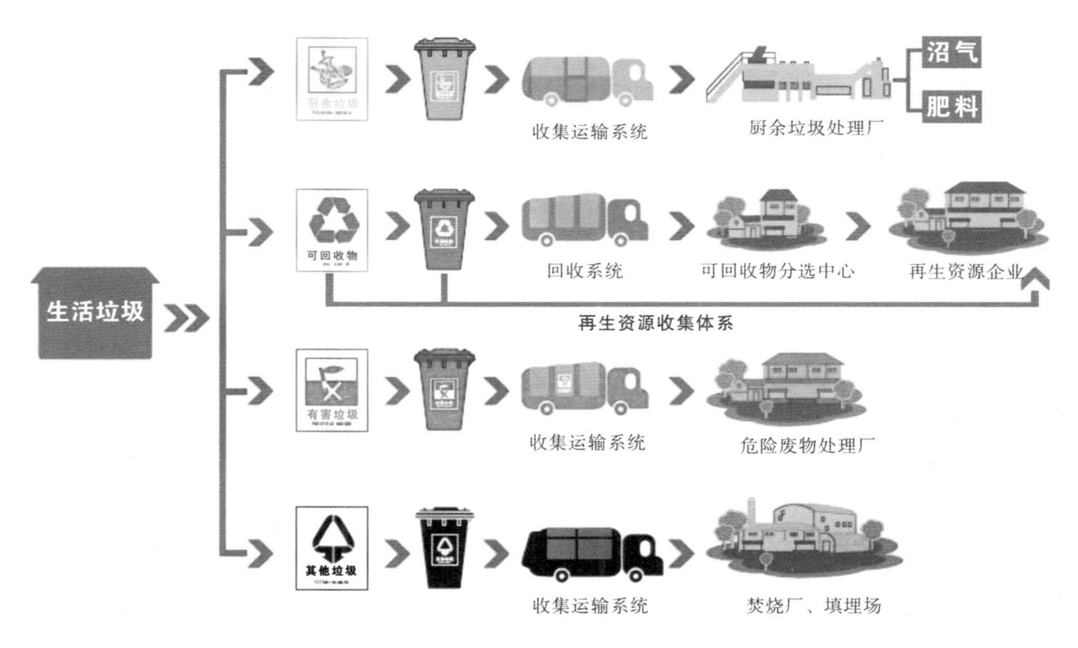

图1-3　生活垃圾分类图

从不同国家对生活垃圾分类的方法来看,大致都是根据垃圾的成分构成、产生量,结合本地垃圾的资源利用和处理方式来进行分类的。如德国一般分为纸、玻璃、金属、塑料等(图1-4);澳大利亚一般分为可堆肥垃圾、可回收垃圾、不可回收垃圾(图1-5);日本一般分为可燃垃圾、不可燃垃圾等(图1-6)。欧美发达国家的垃圾分类经验告诉我们:垃圾分类是对垃圾进行科学处理的前提,为垃圾的减量化、资源化、无害化处理奠定基础。

图 1–4　德国垃圾分类标准

图 1–5　澳大利亚“六色”垃圾桶

图 1-6　日本垃圾分类标准

（二）垃圾分类的积极意义

1. 减少垃圾处置量

垃圾填埋和垃圾堆放等垃圾处理方式占用土地资源，且垃圾填埋场属于不可恢复场所，不能够重新作为生活小区。将垃圾进行分类，去掉不可以回收的、不易降解的物质，能有效减少垃圾数量达 60%以上，进而实现降低土地资源的占用率的目的，也避免了生活垃圾中不易降解的物质对土地造成的严重侵蚀。此外生活垃圾分类减少了进入填埋和焚烧等最终处置设施的垃圾量，减少了不利于填埋或焚烧处置的物质，提高垃圾堆肥的效果，有利于生活垃圾处理处置设施的正常运行和污染控制。

2. 最大限度地减少污染

混合收集容易造成生活垃圾中高含水率、不易降解的厨余垃圾和有毒有害物质的混入,如废弃的电池含有金属汞、镉等有毒的物质,会对人类产生严重的危害;土壤中的废塑料会导致农作物减产;抛弃的废塑料被动物误食,会导致动物的死亡。分类后将有害垃圾分离出来,减少了垃圾中重金属、有机污染物、致病菌的含量,可以按照不同种类垃圾的性质对收集容器和后端处理进行严格要求,减少了垃圾处理的水、土壤、大气污染风险。

3. 便于回收利用垃圾中的有用物质

垃圾的产生源于人们没有利用好资源,将自己不用的资源当成垃圾抛弃,这种废弃资源的方式对于整个生态系统的损失都是不可估计的。在垃圾处理之前,通过垃圾分类回收,就可以将垃圾变废为宝。

如回收纸张能够保护森林,减少森林资源的浪费;回收果皮蔬菜等生物垃圾,就可以作为绿色肥料,让土地更加肥沃。中国每年使用塑料快餐盒达 40 亿个,方便面碗 5 亿~7 亿个,一次性筷子数十亿双,这些占生活垃圾的 8%~15%。1 吨废塑料可回炼 600 千克的柴油。回收 1500 吨废纸,可免于砍伐用于生产 1200 吨纸的林木。1 吨易拉罐熔化后能结成 1 吨很好的铝块,可少采 20 吨铝矿。生活垃圾中有 30%~40%可以回收利用,应珍惜这个小本大利的资源。

垃圾中的其他物质也能转化为资源,如食品、草木和织物可以堆肥,生产有机肥料;垃圾焚烧可以发电、供热或制冷;砖瓦、灰土可以加工成建材等。如果能充分挖掘回收生活垃圾中蕴含的资源潜力，仅北京每年就可获得 11 亿元的经济效益。可见，消费环节产生的垃圾如果及时进行分类，回收再利用是解决垃圾问题的最好途径。

4. 提高民众价值观念

垃圾分类是处理垃圾公害的最佳解决方法和最佳的出路，进行垃圾分类已经成为一个国家发展的必然路径。垃圾分类能够使民众学会节约资源、利用资源，养成良好的生活习惯，提高个人最终的素质素养，同时也有助于人居环境的改善，使居民有更多的获得感和幸福感。

二、我国生活垃圾分类的相关政策

垃圾分类这一概念最早在中国于 1957 年 7 月 12 日提出。当日《北京日报》的头版头条刊登了《垃圾要分类收集》一文，呼吁北京居民要对垃圾进行分类回收，“垃圾分类”由此产生。

2000 年 4 月，原建设部城市建设司在北京召开了城市生活垃圾分类收集试点工作座谈会，特别强调“在当前经济快速发展、公众环境意识普遍提高的情况下，适时启动城市生活垃圾分类收集试点工作非常必要”，随后将北京、上海、广州、深圳、杭州、南京、厦门、桂林等八个城市确定为全国首批生活垃圾分类收集试点城市。

2016 年 6 月 15 日，国家发改委、住建部联合发文，明确到 2020 年底重点城市生活垃圾得到有效分类，实施生活垃圾强制分类的重点城市，生活垃圾分类收集覆盖率达到90%以上，生活垃圾回收利用率达到35%以上。

2017年3月18日，国务院办公厅发布关于转发国家发改委、住建部《生活垃圾分类制度实施方案的通知》，规定到2020年，基本建立垃圾分类相关法规和标准体系，形成可复制、可推广的生活垃圾分类模式，在实施生活垃圾强制分类的城市，生活垃圾利用率达35%以上。

2018年1月，住建部发布《关于加快推进部分重点城市生活垃圾分类工作的通知》，规定2020年底前，直辖市、省会城市、计划单列市、第一批生活垃圾分类示范城市在内的46座城市的城区范围内实现生活垃圾强制分类，在垃圾进入焚烧和填埋设施前，可回收物和易腐垃圾的回收利用率合计达到35%以上。

2019年6月，生态环境部发布《固废法修订草案》审议通过，该草案第38条规定，"县级以上地方人民政府应当采取符合本地实际的分类方式，加快建立生活垃圾分类投放、分类收集、分类运输、分类处理的垃圾处理系统，实现垃圾分类制度有效覆盖"；住建部等9部委发布《关于在全国地级及以上城市全面展开垃圾生活分类工作的通知》，规定到2020年，46个重点城市基本建成生活垃圾分类处理系统，其他地级城市实现公共机构生活垃圾分类全覆盖。

2019年11月，住建部发布了新版《生活垃圾分类标志》标准，该标准于2019年12月1日起正式实施。本次修订主要对生活垃圾分类标志的适用范围、类别构成、图形符号进行了调整，相比较2008版标准，标准的适用范围进一步扩大，生活垃圾类别调整为可

回收物、有害垃圾、厨余垃圾及其他垃圾4个大类和纸类、塑料、金属等11个小类(图1-7)。

图1-7　新版生活垃圾分类标志

一系列政策文件陆续发布,将垃圾分类实施推向高潮,也为各地推进垃圾分类战略布局提供了有力支撑。

总体而言垃圾分类的工作目标是:到2020年底,先行先试的46个重点城市,要基本建成垃圾分类处理系统;其他地级城市实现公共机构生活垃圾分类全覆盖,至少有1个街道基本建成生活垃圾分类示范片区。到2022年,各地级城市至少有1个区实现生活垃圾分类全覆盖,其他各区至少有1个街道基本建成生活垃圾分类示范片区。2025年前,全国地级及以上城市要基本建成垃圾分类处理系统。

垃圾分类工作总的思路是:源头减量、全程分类、末端资源化利用和无害化处置能力大幅提升。

三、我国各地垃圾分类的开展情况

在政策助推作用下，全国各地纷纷响应号召，出台相关政策助推垃圾分类举措快速发展。

目前我国共有26个城市确定推出了奖惩措施，其中，深圳和厦门的处罚标准最高。深圳的《深圳经济特区生活垃圾分类投放规定（草案）》规定，乱扔生活垃圾或者未分类投放生活垃圾的，由主管部门责令改正，拒不改正的，对个人处500元罚款，对单位处5000元罚款；情节严重的，对个人处1000元罚款，对单位处10000元罚款。厦门的《厦门经济特区生活垃圾分类管理办法》规定，随意倾倒或者堆放生活垃圾的，责令改正，对单位处以10000元以上50000元以下罚款；对个人处以50元以上200元以下罚款，拒不改正的，处以1000元罚款。多数城市的处罚标准介于50元至200元。和处罚标准明晰形成反差，奖励标准模糊。整体上相关法规文件对奖励的描述可概括为以下5种：积分换奖励、鼓励给予奖励、按照相关要求给予奖励、给予奖励、无。

2018年9月，《河南省生活垃圾分类管理制度实施方案》出台，按照“政府推动、全民参与，因地制宜、循序渐进、完善机制、创新发展，协同推进、有效衔接”的基本原则逐步推动生活垃圾分类。2019年河南省18个省辖市全部启动生活垃圾分类，到2020年底，基本建成垃圾分类相关法规、政策制度和标准体系，在全省所有省辖市城区范围内实施生活垃圾强制分类，初步形成了全社会参与的浓厚氛围。

2019年，陕西省人大常委会将《陕西省城乡生活垃圾处理条例》列入立法计划。陕西省政协提案委员会召开了“推进我省餐厨垃圾资源化利用”会议，会上政协委员提出多项议案，如通过立法规范餐厨垃圾无害化处理、资源化利用；对餐厨垃圾的收集、运输、处理进行全程监督管理；走市场化处理道路，使餐厨垃圾处置走向无害化、产业化、资源化；加强餐厨垃圾源头减量宣传工作。还有政协委员提出，生活垃圾分类要制定切实可行的奖惩引导措施。对此西安市城管局表示，生活垃圾分类已经纳入西安全市目标综合考核体系。对于农村生活垃圾，有委员提出，要规范农村生活垃圾收运处置体系。

2019年，浙江省住建厅发布《浙江省城镇生活垃圾分类标准》（以下简称《标准》），统一了分类设施标志标识和颜色，明确了生活垃圾分类投放、分类收集、分类运输和分类处置操作规范。这也是我国第一部城镇生活垃圾分类地方性标准，将于2019年11月1日正式施行。《标准》明确了生活垃圾类别，主要分可回收物、有害垃圾、易腐垃圾和其他垃圾四大类，并对“四大类”垃圾的投放规定、收集设置、运输要求、处理方式、分类标志、收集容器等方面做了明确说明。《标准》同时详述了居民区、农贸食品市场、机关企事业单位、公共场所、医院、学校等不同场所的垃圾投放点应按照不同区域设置、摆放收集容器等要求。为便于操作，《标准》重点对分类投放、分类收集、分类运输、分类处置等环节的操作流程做了相关规定，细化到不同分类垃圾的投放、运输车辆配置、装载方式、装载标准和运输要求，每个垃圾投放点、集置点的设置、摆放规定，以及每种分类垃圾宜采取的处理工艺及方式等。除生活垃圾分类类别外,《标准》还对易混入生活垃圾的大件垃圾、园林垃圾和装修垃圾的种类也做了分类投放、分类处置的具体规范。

2019 年,由广东省住房城乡建设厅起草的《广东省城市生活垃圾分类实施方案(征求意见稿)》提出,到 2020 年,广州市、深圳市基本建成生活垃圾分类处理系统;珠三角其他地级城市实现公共机构生活垃圾分类全覆盖,设区城市至少有 1 个区基本建成生活垃圾分类示范片区,不设区城市至少有 1 个街道建成生活垃圾分类示范片区。

西宁市垃圾分类大格局已初步形成,固体废物、餐厨垃圾、医疗废物、危险废物、园林绿化垃圾、建筑垃圾均已建设相应的消纳处置中心和收运体系,垃圾分类基本实现“干”“湿”分类,“两网融合”已完成提升改造网点 100 余个。自生活垃圾试点工作启动以来,累计投放室外分类式垃圾桶 2000 余组、家庭垃圾分类桶近 7 万个,发放干湿两分垃圾袋 120 余万个,购置生活垃圾分类运输车 8 辆,更新分类垃圾箱 1.8 万余个。

深圳市 2013 年 7 月 1 日就挂牌成立了全国首个垃圾分类管理专职机构——深圳市垃圾分类管理事务中心,并自 2015 年 8 月 1 日起,《深圳市生活垃圾分类和减量管理办法》施行,开始全面推行生活垃圾分类。2017 年 6 月 3 日,为了给民众提供一份简单易操作的垃圾分类指南,深圳市城市管理和综合执法局发布了全国首份《深圳家庭生活垃圾分类投放指引》,此举为垃圾分类带来破局之力。目前,《深圳家庭生活垃圾分类投放指引》已通过深圳各区各街道及时印制，发放入户，并在单元楼一层电梯口一并张贴。2019 年 7 月 4 日上午，深圳市政府党组召开扩大会议：将强力推行垃圾分类奖罚措施，个人最高奖千元。

为了让生活垃圾分类工作有法可依，2020 年 4 月 29 日南宁市第十四届人大常委会第二十六次会议通过《南宁市生活垃圾分类管理条例》，该条例就生活垃圾怎么分类市民更易懂、怎么让生活垃圾源头减量、垃圾分类投放管理责任人该做什么，以及有关法律责任合理性等问题给出政策性指导意见。对于垃圾分类、投放管理、源头减量以及法律责任等问题：建议增加举例让市民依样划分、建议为投放管理责任人明确责权职、建议规定使用完全降解环保袋、建议增加垃圾收集运输方法责任，等等。

第三节　生活垃圾收运与处理

生活中，我们无时无刻不在制造垃圾，那这些垃圾是怎么处理的呢？是直接扔掉还是废物利用了起来呢？在不同国家、不同地区、不同城市的垃圾收集方式存在很大差别。

一、生活垃圾的收集

生活垃圾从被投放开始，经收集到被运至中转站或处理场的过程，是垃圾的收集过程。收集过程主要在居民区、商业区等城区范围内完成，直接影响着居民的生活环境。近年来各地逐步加大对环卫的投入，环卫基础设施和环卫装备有了较大发展，生活垃圾收运系统已经初具规模。

世界上各个城市的背景和现状差异很大，居民区垃圾收集方式主要有以下两种。

（一）定点收集

定点收集指的是在固定的地点放置收集容器，全天或大部分时间为居民服务。为了收集垃圾并将其及时清运，一方面要求设立的收集点有足够的空间便于车辆通过。从收集的卫生要求来看，为了避免收集过程中产生公共卫生问题，收集容器应有较好的密封隔离效果。另一方面，采用该收集方法既要具有合适的收集点位置，又要求具有一定的居住密度，否则不能充分利用收集容器的容积效率（图 1-8）。

图 1-8　居民到垃圾分类投放点投放垃圾

（二）定时收集

定时垃圾收集方式没有固定的垃圾收集点，垃圾清运车会直接收集居民区垃圾。具体做法是：由物业公司的环卫专业队伍、街道卫生保洁队的保洁员或环卫部门委托的清洁服务公司的保洁员，定时上门收集街道居民、单位住户、沿街门店等的生活垃圾，然后运往附近的垃圾房，由环卫专业队伍进行运输的生活垃圾收集方式（图 1-9）。

图 1-9　环卫工人定时收集垃圾

除以上两种外，还有一些为特殊区服务的收集方式，如管道收集。气力抽吸式管道收集是一种以真空涡轮机和垃圾输送管道为基本设备的密闭化垃圾收集系统，该系统的主要组成部分包括倾倒垃圾的管道、垃圾投入孔通道阀、垃圾输送管道、机械中心和垃圾站（图 1-10）。普通管道收集多用于我国以前的多层或高层建筑,居民将产生的生活垃圾由通道口倾入后集中在垃圾道底部的储存间内,然后装车外运。

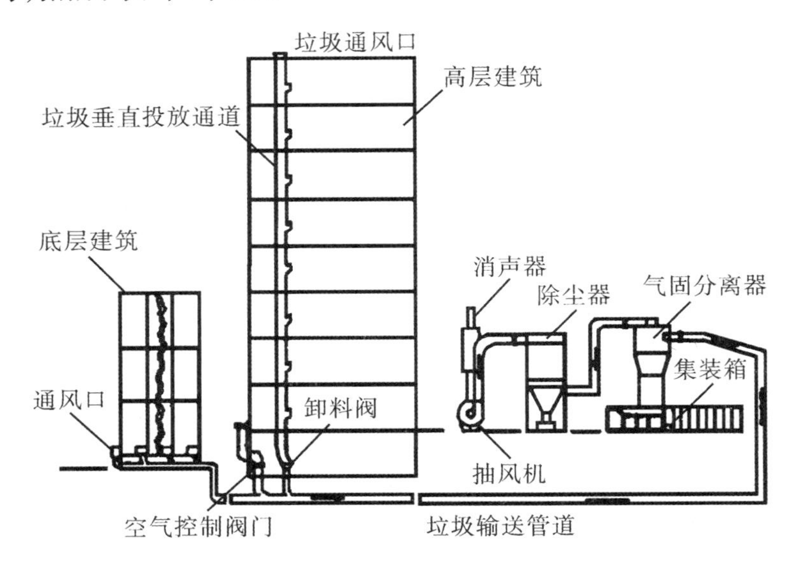

图 1-10　真空管道输送垃圾系统

二、生活垃圾的运输

城市生活垃圾的运输需要专业的车辆等来进行,个人和小的集体不具备垃圾运输的条件,主要是靠城管(环卫)部门统一完成。城市人口过于密集,为保持城市的整洁卫生,杜绝疫情滋生的可能因素,城市当天产生的生活垃圾应当当天清运完毕,做到"日产日清"不过夜。

运输方式是指将收集到的物品按下一阶段工作的要求,以一定的途径和交通设施将其运往不同的场所以备处理的运输模式,分为直接运输和间接运输两种。直接运输通常采用大型垃圾压缩车的形式对居民社区、街道、企事业单位内的生活垃圾进行直接压

缩处理，然后直接运往垃圾处理地；间接运输方式则是先将收集到的垃圾通过各种运输工具和车辆运至转运站，经压缩等处理后再由车辆运往垃圾处理厂。

常用的生活垃圾运输设备主要有以下几种。

（一）三轮（人力、摩托）等运输车

通常将果皮箱、垃圾桶的垃圾以及量不大的散装垃圾收集送至中转站或用于转运的大中型压缩车（图 1-11）。虽然设备价格低，但存在“洒、落、抛、滴”现象，会对环境造成二次污染，并且环卫工人劳动强度大，将逐步被取代。

图 1-11　三轮垃圾运输车

（二）电动垃圾运输车

对道路边果皮箱或商铺袋装垃圾进行流动收集，而后将垃圾送至中转站或用于转运的大中型压缩车（图 1-12）。特点是灵活、快捷、外观漂亮，但装载量有限，续驶里程短，使用寿命相对较短。

图 1-12 电动垃圾运输车

（三）小型自卸式垃圾车

以流动收集的方式将垃圾运送到中转站。密封性好，干净卫生；装载量较大，灵活快捷，效率高；具有自卸功能，能减轻工人劳动强度（图 1-13）。

图 1-13 小型自卸式垃圾车

（四）小型车厢可卸式垃圾车

通常一台车可配多个定点放置垃圾收集箱，定点或流动收集均可。集箱收满后由配套的小型车厢可卸式垃圾车将收集箱拉起并转运到中转站。一台车配多个收集箱，扩容方便（增加收集箱），底盘利用率高，也可以用于道边垃圾的流动收集。能完成定点收集和定时收集的自由转换，装载量较大、灵活快捷，效率高；具有自卸功能，能减轻工人劳动强度（图 1-14）。

图 1-14　小型车厢可卸式垃圾车

（五）桶装垃圾运输车

通过车辆尾部的升降平台将装满垃圾的垃圾桶装车运送至中转站。干净卫生，工人劳动强度也不高，但每次收集时需要空桶置换，并且每车装载桶数有限，收运效率不高。另外转运站需要挂桶上料装置，否则仍需人工倒料。

（六）压缩式垃圾车

后装挂桶式和侧装式压缩车可将垃圾桶的垃圾自动倒入压缩机构或箱体，而后装翻料斗式压缩车则通过料斗将散装垃圾自动倒入压缩机构，垃圾进入箱体后都会进行一定程度地压缩，以提高单次运载量，装满后将垃圾运送至大型中转站或处理场（图 1–15）。流动收集，灵活快捷；车辆密闭，尤其在桶装情况下干净卫生；自装卸功能，减轻工人劳动强度；能对垃圾进行压缩减容，提高收集效率和经济性；但会对收集点周围环境造成一定影响，如噪声、粉尘等。

图 1–15　压缩式垃圾车

三、生活垃圾的处理

生活垃圾的处理是指用物理、化学、生物等处理方法，将生活垃圾在生态循环的环境中加以迅速、有效、无害地分解处理，以达到“无害化”“减量化”“资源化”的目的。目前，最常采用的处理方法有焚烧、堆肥、卫生填埋。

（一）焚烧

焚烧即通过适当的热分解、燃烧等反应，使垃圾经过高温下的氧化进行减容，成为残渣或者熔融固体物质的过程。垃圾焚烧设施必须配有烟气处理设施，防止重金属、有机类污染物等再次排入环境介质中。回收垃圾焚烧产生的热量，可达到废物资源化的目的，其兼容效果最好，又能使腐败性有机物和难以降解而造成公害的有机物燃烧成为无机物和二氧化碳，而病原性生物在高温下死灭殆尽，使垃圾变成稳定的、无害的灰渣类物质（图 1-16）。

图 1-16　垃圾焚烧发电厂

垃圾焚烧是目前处理生活垃圾的有效途径之一。随着城市生活垃圾可燃物和易燃物的增加，加上各种先进技术的发展和应用，垃圾焚烧技术不断得到完善，在全世界得到了迅速发展。

（二）堆肥

堆肥处理法利用垃圾中存在的微生物，使有机物质发生生物化学反应，将垃圾中的天然有机物分解、腐熟转化为稳定的腐殖质土。这种方法对以厨余等成分为主的垃圾有较大的作用，但原生生活垃圾中无机物和难以生化降解的橡胶、塑料、合成纤维等的有机物还有较大的数量，必须分拣后才可以采用堆肥法。若未经分拣堆肥，制成的肥料中重金属高，则有机肥市场狭窄。

在我国城市垃圾处理中，堆肥方式是最早也是早期阶段使用最多的方式，那时大部分垃圾堆肥处理场采用敞开式静态堆肥（图1-17）。20 世纪 80 年代以来，我国陆续开发了机械化程度较高的动态堆肥技术。从目前普及程度看，在国内城市各种垃圾处理方式中堆肥处理仅次于填埋。

图 1-17　堆肥处理厂

近两年来，城市垃圾堆肥化作为实现垃圾资源化、减量化的重要途径，在沉寂多年后又开始引起人们注意。

（三）卫生填埋

卫生填埋法是寻找一块空置的土地，将垃圾置于防渗透层之上压实后覆土填埋，利用生物化学原理在自然条件下使天然有机物分解，对分解产生的渗沥液和沼气（填埋气体）进行收集处理，以期不产生公害，对城市居民的健康及安全不造成危害。这种方法目前在世界上采用得最多，适用于卫生填埋场地为资源不丰富或经济发展水平较低的地区（图 1-18）。

图 1-18　垃圾填埋场

卫生填埋的优点为：最初投资低，适用性强，可接纳各种城市生活废弃物，处理能力大；建设投资除征地费不好确定外，一般而言生产性投资较少，运行费用低，不受垃圾成分变化的影响。

卫生填埋需要占用大量的土地资源，厂址选择较为困难。考虑到交通、水文、地质、地形等因素，许多城市甚至近郊也很难找到合适的场址。卫生填埋另一个难题是渗滤液的处理。生活垃圾经雨水浸泡渗出的黑液为高浓度有害液体，一旦渗漏，对地下水、土质和大气易造成污染。

目前欧盟各国正在逐步减少原生垃圾的填埋量，尤其强调垃圾填埋只能是最终的处置手段，而且只能是无机物垃圾，在2005年以后有机物大于5%的垃圾不能进入填埋场。

卫生填埋是垃圾最终处置方法，无论自然条件、经济条件如何，无论采用什么处理方法，卫生填埋必不可少。

第二章　可回收物的分类和综合利用

2018 年 9 月，《河南省生活垃圾分类管理制度实施方案》出台，规定城市生活垃圾应当按照可回收物、厨余垃圾、有害垃圾、其他垃圾标准进行分类。

第一节　可回收物的分类

可回收物指适宜回收利用和资源化利用的生活废弃物。材质可以为报纸、杂志、广告单及其他干净的可再利用的纸类，也可是玻璃、塑料、金属等（图 2-1）。

图 2-1　可回收物标识

一、可回收物的主要类型

可回收物主要类型分为废纸类、废塑料类、废玻璃类、废金属类、废织物类、复合材料类等，而不易列入可回收物的垃圾品种如表 2-1 所示。

表 2-1　不宜列入可回收物的垃圾品种

品类	常见实物
纸类	污损纸张、餐巾纸、卫生间用纸、湿巾、一次性纸杯、厨房纸等
塑料类	污损的塑料袋、一次性手套、沾有油污的一次性塑料饭盒等
玻璃类	玻璃钢制品等
金属类	缝衣针（零星）、回形针（零星）等
织物类	内衣、丝袜等
复合材料类	镜子、笔、眼镜、打火机、橡皮泥等
其他	陶瓷制品（碎陶瓷碗、盆）、竹制品（竹篮、竹筷、牙签）、一次性筷子、隐形眼镜、棉签

（一）废纸类

一般可回收物：纸板箱、报纸、废弃书本、快递纸袋、打印纸、信封、广告单（图 2-2）。

图 2-2　废纸类一般可回收物

低价值回收物：纸塑铝复合包装（利乐包）、食品外包装盒、购物袋、皮鞋盒（图 2-3）。

图 2-3　废纸类低价值可回收物

纸类是生活中的必需品，是废品界的黄金，是流通率较高的“硬通货”，也是造纸行业的重要支撑。在日常生活中，我们使用的旧课本、看过的旧报纸、宣传册等都是可以回收的。购物、快递使用的包装盒、洗净的牛奶盒也是可以回收的，快递包装盒去除胶带纸后可以重复使用，也是目前数量最大的纸类可回收物。

日化类的卫生纸、餐巾纸、纸尿裤、浸入油渍的食品包装纸（盒）等；印刷类的照片、明信片、复写纸、收据单、便笺纸等；包装类的铝箔纸（如口香糖包装纸）、玻璃纸（如糖果纸、部分包装纸）等；一次性纸类纸杯、饮料杯（如奶茶杯、咖啡杯）、方便面杯等，都是不能再生的，千万不要混入可回收废纸中，而应该当作其他垃圾处理。

究其原因，卫生纸、餐巾纸，溶水性太强，所以不可回收；受到污染或者沾了油脂污渍的纸类也不能回收，就是其他垃圾了；纸杯、饮料杯不可回收是因为它们的表面附上了一层塑料薄膜（防止渗水），在回收处理环节不易与纸分离；照片、明信片、复写纸、收据单、便笺纸等不可回收也是因为它们成分复杂，再生处理时异物不能被充分排除。

（二）废塑料类

一般可回收物：食用油桶、塑料碗（盆）、塑料盒子（食品保鲜盒、收纳盒）、塑料衣架、施工安全帽、PE（聚乙烯）塑料、PVC（聚氯乙烯）、亚克力板、塑料卡片、密胺餐具、KT板（图2-4）。

低价值回收物：塑料包装盒、泡沫塑料、塑料玩具（塑料积木、塑料模型）等。

图 2-4　废塑料类一般可回收物

（三）废玻璃类

一般可回收物：窗玻璃等平板玻璃。

低价值回收物：碎玻璃、食品及日用品玻璃瓶罐（调料瓶、酒瓶、化妆品瓶）、玻璃杯、玻璃制品（放大镜、玻璃）。如图 2-5 所示。

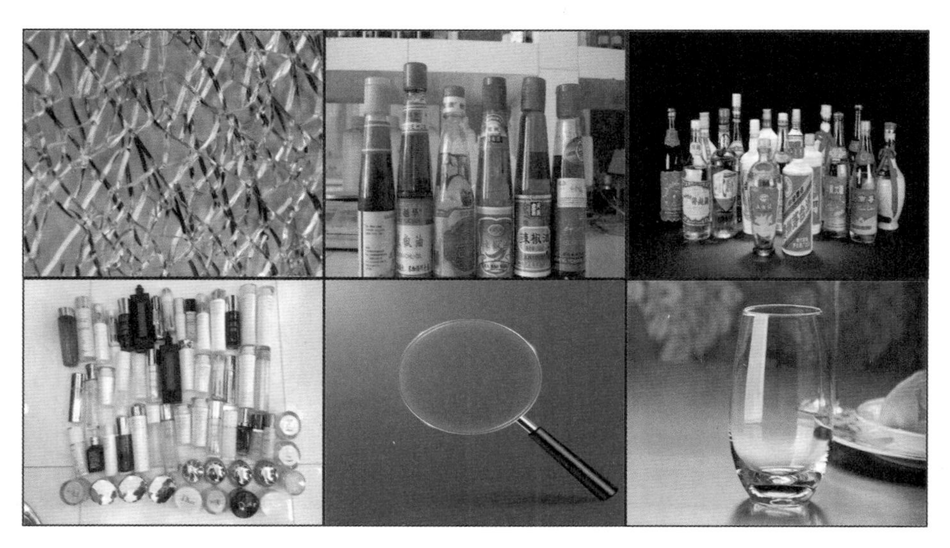

图 2-5　废玻璃类低价值可回收物

（四）废金属类

金属瓶罐（易拉罐、食品罐）、金属厨具（菜刀、锅）、金属工具（刀片、指甲剪、螺丝刀）、金属制品（铁钉、铁皮、铝箔）。如图 2-6 所示。

图 2-6　废金属类可回收物

（五）废织物类

一般可回收物：棉被、包、皮带、丝绸制品（图 2-7）。

图 2-7　废织物类一般可回收物

低价值回收物：衣物（外穿）、裤子（外穿）、床上用品（床单、枕头）、鞋、毛绒玩具（布偶）等（图 2-8）。

图 2-8 废织物类低价值可回收物

（六）复合材料类及其他

电路板（主板、内存条）、充电宝、电线、插头、手机、电话机、电饭煲、U 盘、遥控器、照相机。

二、可回收物的意义

无论对于社会还是个人，可回收物的回收都具有非常重大的意义。首先，可回收物从技术层面避免了“增长的极限”。“增长的极限”指的是资源迅速消耗导致食物及医药匮乏，死亡率上升，人口增长达到极限。而可回收物的存在使资源可反复利用，从根源上避免了这一情况发生。并且，可回收物增加了材料使用寿命，降低了资源压力。在自然资源、生活资源日益珍贵的今天，这对可持续发展意义重大。对可回收物进行重复利用，还能减少对土壤、水资源、空气的污染，对环境保护起到积极促进作用。在经济意义层面，重复利用可回收物可以减少对国际原材料市场的依赖，进一步提升经济稳定性。此外,可回收事业还为垃圾回收与再生资源企业创造就业机会,推动经济发展。

三、可回收物的投放要求

(1)可回收物应尽量保持干燥干净,避免受到污染。

(2)废纸应尽量保持平整,废纸箱应规整压平。

(3)快递包装盒应去除胶带后投放。

(4)立体包装物(瓶、罐、盒等)投放前,应清空内容物,尽量清洗干净、压扁。

(5)废玻璃制品应轻投轻放,有尖锐边角的应包裹后投放。

(6)尖锐的废金属制品应包裹后投放。

(7)用于捐赠的旧衣物,清洗干净后,自行送到专门的捐赠点。

(8)大块纸板、泡沫板等,不宜直接投入可回收物收集容器,应规整后置于投放点(收集容器旁)或预约上门收集。

(9)废电器电子产品应尽量保持完整,不宜自行拆解。

(10)大件垃圾不应随意堆放,应在指定的时间段投放到大件垃圾投放点,或通过电话、网络预约回收企业上门回收。

(11)倡导按照材质属性对可回收物进行细分,并投入可回收物智能回收箱或细分的可回收物收集容器。

第二节　可回收物的回收利用

一、废纸类

（一）国内外废纸回收利用概况

当今世界，废纸回收利用在减少污染、改善环境、节约资源与能源方面产生了巨大的经济效益与环境效益，是实现造纸工业可持续发展以及社会可持续发展的一个重要的方面，因此有人称之为“城市的森林”工业。世界上发达国家对废纸的回收利用，不论在规模上还是技术上都已经具有相当高的水平，废纸的回收利用与林纸一体化已逐步成为现代造纸工业的两大发展趋势。

世界上废纸回收率最高的国家和地区依次为我国香港地区、德国、韩国、日本及我国台湾地区，其中我国香港地区和德国废纸回收率分别高达88.2%和83%。废纸利用率最高的国家和地区是墨西哥、我国台湾地区和韩国，墨西哥的造纸业依赖于废纸原料。据估算，回收1吨办公类废纸，可生产0.8吨再生纸，可节约木材4立方米。如果把今天世界上所用办公纸张的一半加以回收利用，就能满足新纸需求量的75%，相当于800万公顷森林免遭砍伐。从总体上看，对废纸的回收利用是普遍趋势。不过，由于各国在技术水平、政策法规等方面的差异，具体情况又有很大差异。

1. 国外废纸回用现状

德国虽然缺乏纤维资源，每年要大量进口商品纸浆和纸张，但由于消费量大，废纸回收率高，每年也有大量废纸出口。德国是世界上第二大废纸出口国，2000 年废纸和纸板产量为 1818.2 万吨，消费量为 1911.2 万吨；废纸回收量为 1357 万吨，回收率 71%；同年废纸净出口 257.8 万吨，占总回收量的 19%，这一水平和美国十分接近。根据德国绿色和平组织的统计，在过去几年里德国人再生纸的使用率有了明显的提高，这一使用率一直被德国人视为环保史上的一大进步。在德国，废纸回用被赋予"蓝色环境天使"的美名。

对废纸和纸板的分类回收，在瑞士已经实行了几十年，大多数公民都已形成良好的习惯，人们按规定时间将废纸捆扎好放在门边等专门的机构上门收集，或直接把废纸送到村镇设立的回收点。收集起来的废纸和纸板，有的被直接送到加工厂，有的则预先在分类机构里按照质量级别进行整理。由于这些废纸的质量并不能完全满足瑞士回收造纸厂的需要，因此大量废纸被出口，同时还要进口一些国内不能分类收集的废纸。

废纸的收集工作主要由地方政府负责，也有一些协会和组织的参与，例如瑞士纸回收组织、瑞士纸浆、纸张和纸板协会、瑞士废纸贸易协会、瑞士瓦楞纸业联合会、纸和纸板工厂。村镇的废纸收集和处理废纸的资金，主要来源于政府税收或对生活垃圾的收费，这与瑞士"污染者付款"的原则并不一致。由于世界纸/纸板的价格波动很大，收集成本的变化也很难预料。地方政府为废纸的收

集和处理背负了沉重的财政负担。目前瑞士代表镇、城市和村镇的协会正在推动建立预收处理费用的体制，联邦政府正为此起草一个法令。

考虑到自然环境和经济利益的原因，澳大利亚的纤维组成在结构上已经开始加速转变为利用废纸提取纤维。但是在澳大利亚要提高再生纤维的比例，包括一些废纸加工企业，都会受到来自废纸市场的额外压力。当市场需求很强时，要快速分拣在街边回收的混合废纸，达到销售的要求就变得很困难。为了规范废纸的回收，澳大利亚立法委一方面要求当地居民自觉地将包装纸、报纸和杂志分开，另一方面组织人员对回收的废纸进行筛选，但是在执行时发现，做到前者是很困难的，而后者费用昂贵。由于分拣后的废纸成本很高，其销售价格无法满足成本要求，因此不少人开始寻找类似“垃圾发电”等的新思路。

韩国仍有扩大废纸出口量的潜力，韩国政府对废纸出口仍持有保守观念，同时韩废纸品质仍存在不稳定性现象。日本木浆的消耗量基本保持不变，这是因为废纸已成为日本造纸工业的主要原料。2001 年，废纸占日本纸和纸板生产原料的 58%。根据日本废纸再生促进中心统计，日本 2003 年上半年的废纸消费约为 897.58 万吨，比 2002 年同期增长了 1.7%。另外，废纸回收率为 65.3%，利用率为 59.6%，大致维持与 2002 年相当的水平。

全球废纸回用于制浆造纸的发展将持续下去，除各国内部消耗大量废纸之外，美国是主要的废纸出口地区，亚洲是主要的废纸进口地区，欧洲的废纸主要用于自我消化，少部分用于出口。目前全球造纸业的生产与贸易重心由欧美发达国家向以我国为代表的亚太地区和以巴西为代表的拉美地区转移(图2-9)。

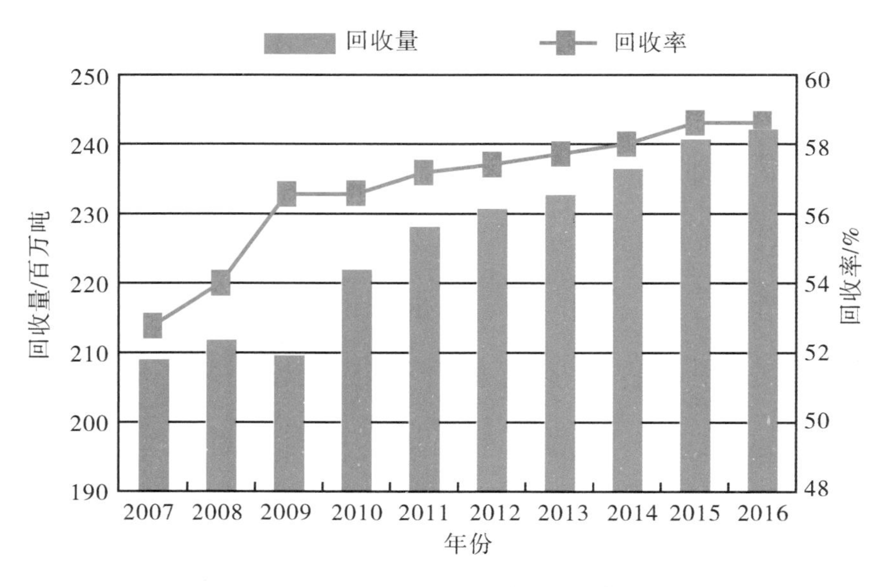

图2-9　国际废纸的回用情况

2. 国内废纸回用现状

在我国,由于森林覆盖率较低,木材数量有限,而且对纸的需求量又较大,所以随着废纸制浆的不断发展,近几年我国的原料比例也发生了一些变化,对废纸的需求量日益增加。

国内废纸回收过程中,没有形成产业化,在质量、分拣、贮存等方面缺乏统一有序的管理,因而国内废纸回用存在以下不足:废纸回收率低,回收量少,影响了再生资源的充分利用;废纸回收没有形成产业化,没有统一的质量标准,导致废纸回收质量低、价格高;没有严格的分拣,造成不同种类、不同等级的废纸混等、混级;废纸收购商很少有废纸仓库,一般露天存放、损耗大。

从总体来说,国产废纸的回收率呈现一定量的增长趋势(图

2-10)，但是就目前情况来说，仍然依靠进口废纸，仍需要对我国的废纸分类、回收进行进一步的强化管理。

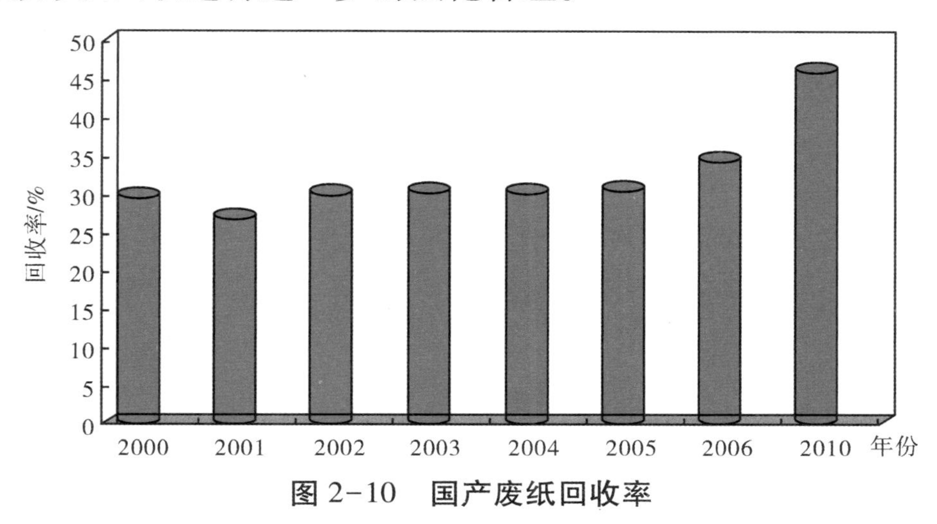

图 2-10 国产废纸回收率

由于经济发展带来的强劲需求，我国造纸业快速发展。2020年我国纸张需求成倍增长，高达近 1 亿吨。当前已经出现造纸原料全面紧张，国际废纸价格也一路上涨的局面。由于木材稀缺问题难以在短期内解决，废纸原料紧缺还将在很长时间内继续存在。在此情况下，国内废纸资源价值上升，一旦扶持政策、行业标准、技术等问题得到解决，国内废纸再生利用产业势必成为一个新兴的投资热点。对于未来而言，造纸业就是一把达摩克利斯之剑。用废纸做原料造新纸，可以大大减少木浆消耗和污染物排放，生产每吨纸品还可节约 400 千克煤、400 千瓦时电和 300 吨水。

目前，我国已是世界上纸和纸制品消费第二大国，国际纸贸易的最大净进口国，而且纸消费量还在迅速增长。因此，把造纸建设成一个循环产业，对于我国的可持续发展和国民经济的安全运行，意义重大。在机遇与挑战面前，我国的废纸回收利用将朝着更好的方向发展，前景光明。

（二）废纸资源化利用

废纸处理是对回收的废纸进行再处理，得到合格的纤维用于生产的过程。废纸的回收和利用有利于保护环境、保护森林、节约资源。废纸可以多次重复利用，废纸作为可再生资源，在我国占有举足轻重的地位。对于生产资源严重缺乏的国内造纸业来说，以废纸作为再生资源，可使造纸业实现资源—生产—消费—再生的良性循环。

1. 废纸回收制造再生纸

这是利用废纸最广泛的途径，不仅可以用来制造再生包装纸，而且还可以用来制造再生新闻纸。法国一家造纸公司成功地开发出新闻纸再生的新工艺，这一新工艺包括脱墨、纸纤维的净化、吸走油墨及杂质、造纸四道工序。其具体过程为：根据油墨种类选用脱墨技术，将纸纤维和皂系脱墨剂送入脱油墨室，使油墨与杂质随泡沫浮至表面，用吸出装置吸走；将净化的纤维浆浓缩至 15%，通过加热，使纸纤维呈膨胀状，还可进行漂白，以赋予再生纸的光泽感；最后将高浓度废纸浆送入造纸设备，即可制成与新纸白度一样的再生纸。

2. 再利用制作农用育苗盒

用废纸或废纸板做原料，利用废纸纤维特别是一些低档次的废纸纤维与玄武岩纤维或矿渣纤维，可以制作农用育苗盒（图 2-11）。产品可自然降解，降解后即成为土壤的母质，因此不对环境造成二次污染。由于加入了玄武岩纤维或矿渣纤维，使得产品的挺度高，

既便于使用，又可节约部分植物纤维。此技术的优势还在于所使用的废纸纤维不必经过脱墨等处理，避免由此产生大量废液，有利于节约宝贵的水资源并保护生态环境。

图 2-11　废纸制作育苗盒

3. 制造包装材料或容器

以废纸为原料可生产高强度埋纱包装纸袋，夹在纸中的是可在 90℃水中溶解的水溶性纱线，可以实现完全回收利用，因而是一种双绿色包装材料。该包装可广泛用于水泥、粮食、饲料、茶叶以及日用购物袋、取款袋等生活领域。

随着环保要求越来越严格，以往使用的一次性杯、盘、饭盒及包装材料等不可降解产品，属于禁止使用之列，其有效的替代品即为纸浆模塑制品。在一些工业发达国家，纸浆模塑制品在工业产品包装领域所占比重已高达 70%，其中绝大部分使用的原料为废纸纸浆模塑制品，这种模型制品是把纸浆做成商品形状后固化的，使用的原料为 100%的废纸，容易回收利用。美国模压纤维技术公司把旧报纸粉碎，加水打浆并模压成型，代替泡沫塑料用作玩具、计算机驱动磁盘和外围设备等的包装填料。日本的花王公司开发出用废纸生产纸瓶的模塑技术，这种纸瓶由三层组成，中间是纸浆，内侧和外侧为涂层，可以用螺旋、盖或金属薄片封口，纸瓶的强度与塑料瓶不相上下，利用模具可制造出形状各异的纸瓶。

我国的纸浆模塑业起步较晚，但也取得了长足的进展，由简单的果托、蛋托之类的低档产品发展到工业品包装和食品包装物上（图 2-12）。目前，我国纸浆模塑制品在工业产品包装领域所占比重为 5%。

图 2-12 废纸制造的纸浆模塑制品

4. 生产隔热、隔音材料

利用废纸或纸板生产密度小、隔热、隔音性能好，价格低廉的隔热、隔音材料，是一种节约资源、变废为宝的有效途径（图 2-13）。其生产方法大致为两大类：不使用黏合剂和使用黏合剂。

图 2-13　废纸生产的隔热材料

5. 生产除油材料

在水中将废纸分离成纤维，加入硫酸铝，经过碎解、干燥等处理后，将其作为除油材料，可移走固体或水表面的油（图 2-14）。该材料价格便宜、安全，制造工艺简单，不必用特殊的介质如合成树脂来浸渍；原料来源广泛，且使用后可燃烧废弃。

图 2-14　废纸生产的除油材料

6. 回收制作家庭用具

近年来，悄然兴起用纸板制作家具热。纸质家具的产生方便了人们的生产生活，不仅重量轻，组装拆卸方便，省时省力，且价格低，又容易上门回收，便于家具的更新换代。其制作工艺简单，只需将各种废纸收集起来，经压缩处理制成一定形状的硬纸板，即可像拼积木一样组装成各种家具，非常适合我国现阶段的住房状况，不仅可以节约资源，更可以保护生态环境(图 2-15)。

图 2-15　废纸生产的纸质家具

7. 废纸发电

将大批包装废纸用烘干压缩机压制成固体燃料，在中压锅炉内燃烧，产生 2.5 兆帕以上的蒸汽，推动汽轮发电机发电，产生的阀气用于供热。燃烧固体废纸燃料放出的二氧化碳比烧煤少 20%，有益于环境保护。

废纸回收的用途还有很多，比如用作肥料改善土壤土质，加工成牛羊饲料，废纸打浆回收甲烷燃料，等等。我们要意识到废纸回收的重要性和必要性，对我国可再生资源循环利用引起足够的重视，一起为废纸回收事业献上自己的一分力量。

二、废塑料类

塑料作为化工原料应用，在提供给人们生活便捷的同时，对环境也带来许多危害。随着塑料产品的大量使用，废旧塑料也急剧增加，“白色污染”已成为环境保护突出的问题。

中投产业研究院发布的《2022-2026 年中国废塑料回收行业深度调研及投资前景预测报告》指出，2020 年中国产生的废塑料约 6000 万吨。据中国物资再生协会测算，2019 年国内废塑料回收再生量约为 1890 万吨，回收额约为 1000 亿元。废旧塑料的回收和再利用是解决废旧塑料问题的有效方法，是塑料行业持续发展的必由之路。

随着塑料工业的迅猛发展，废旧塑料的回收利用作为一项节约能源、保护环境的措施，普遍受到重视。尤其是发达国家，对这方面工作起步早，已收到明显的成效，我国有必要借鉴其经验。

（一）国内外废塑料回用概况

1. 国外回用现状

美国化学协会在 2021 年 7 月 13 日发布了五项行动纲要，呼吁制定一项联邦政策，要求通过“国家再生塑料标准”，到 2030 年所有的塑料包装至少要使用 30%的再生料。

2019 年，日本环境省制定了塑料回收战略，要求到 2030 年塑料容器和包装的再利用率和回收率上升到 60%，到 2035 年实现所有使用过的塑料 100%有效利用。

2019 年欧洲议会和欧盟理事会发布《关于减少特定塑料产品对环境影响的指令》，明确各成员国到 2025 年，部分 PET 容器中再生塑料比例不少于 25%。到 2030 年，部分饮料瓶中至少含有 30%的再生塑料。

2. 国内回用现状

我国塑料原料十分短缺，进口量大，废旧塑料回收利用率却很低，我国是全球最大的再生塑料市场。在国内，我国废塑料回收网点已遍布全国各地，形成了一批较大规模的再生塑料回收交易市场和加工集散地。《中华人民共和国塑料包装制品回收标志（GB/T 16288-1996）》对塑料包装制品的回收标志做了明确规定，标准中做了界定的回收塑料品种包括聚酯（PET）、高密度聚乙烯（HDPE）、聚氯乙烯（PVC）、低密度聚乙烯（PE）、聚丙烯（PP）、聚苯乙烯（PS）和其他（Other）。具体如图 2-16 所示。

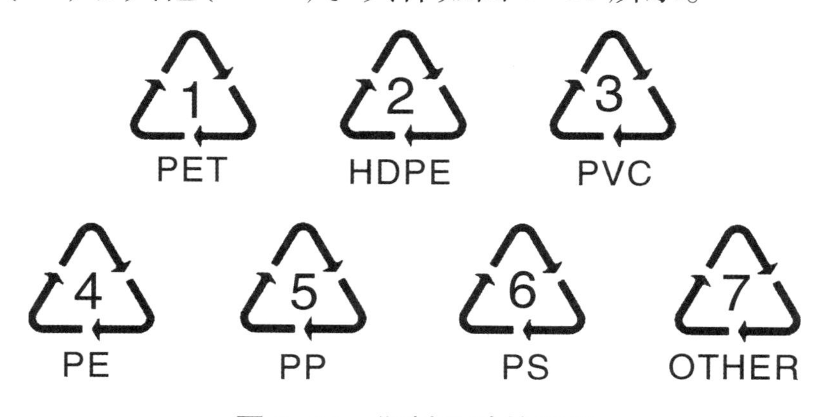

图 2-16　塑料品种的编号

（二）废塑料资源化利用

塑料制品自20世纪问世以来，具有质量轻、强度高、耐腐蚀、化学稳定性好、加工方便以及美观实用等特点，广泛应用于世界范围内的各个领域。废旧塑料属难降解高分子化合物，在自然条件下难以分解。常规填埋技术虽然投资少、操作简单，但是会侵占大量土地，破坏土壤良好的理化性状，阻碍肥料的均匀分布，影响土壤的透气性，不利于植物根系生长，影响植物吸收养分和水分，从而导致农作物减产。焚烧技术虽然可以实现减量化要求，同时回收部分能源，但此过程易释放大量烃类、氮化物、硫化物以及剧毒物质二噁英，直接威胁人类健康及生态环境。

此外，为了改善塑料的可塑性和强度，满足制品的各种使用性能，几乎所有的塑料制品都含有一定量的添加剂。例如在聚氯乙烯中添加邻苯二甲酸酯类增塑剂，其使用量达到35%~50%。随着时间的推移，增塑剂可由塑料中迁移到环境中。邻苯二甲酸酯类增塑剂具有一般毒性和特殊毒性，而且其水解和光解速率都非常缓慢，属于难降解有机污染物，在气体、土壤和水体中均有残留。全世界每年向海洋和江河中倾倒的塑料垃圾已造成海洋生物的大量死亡。因此，实现废旧塑料的循环利用迫在眉睫。

1. 物理处理

（1）简单再生技术。简单再生技术是将回收的废旧塑料经过分选、清洗、破碎、熔融、造粒后直接成型加工生产再生制品，主要用于回收塑料生产及加工过程中产生的边角料、下脚料等，也用于回收那些易清洗和挑选的一次性废弃品。由于工艺简单、成本低、投资少,简单再生技术得到了广泛应用。

然而,由于各种塑料混入的比例不同及相容性各异,采用简单再生法生产的再生制品的质量不稳定、性能较差、易变脆,不适合制作高档次的塑料制品,其应用受到一定的限制。

(2)物理改性再生技术。物理改性是根据不同废旧塑料的特性加入不同的改性剂,使其转化为高附加值的有用材料。例如:通过添加填充剂改善废旧塑料的性能,增加制品的收缩性,提高耐热性等;加入玻璃纤维、合成纤维、天然纤维等,提高热塑性废旧塑料的强度和模量,从而扩大应用范围;使用弹性体或共混热塑性弹性体与回收的废旧塑料共混进行增韧改性。

(3)化学改性。化学改性是指通过接枝、共聚等方法在分子链中引入其他链节和功能基团,或通过交联剂等进行交联,或通过成核剂、发泡剂对废旧塑料进行改性处理。例如:通过氯化改性可取得良好的阻燃、耐油性能,使产品具有广泛的应用价值;通过交联可大大提高其拉伸性能、耐热性能、耐环境性能、尺寸稳定性能、耐磨性能、耐化学性能等;为了提高塑料与金属、极性塑料、无机填料的黏结性或增容性,进行接枝改性(图 2-17)。

2. 化学处理

(1)热分解油化技术。通过加热或加热的同时加入一定量的催化利,使塑料分解为初始单体或还原为类似石油的物质,进而制取化工原料(如乙烯、苯乙烯、焦油等)和液体燃料(如光油、柴油、液化气)。主要包括热裂解、热解催化裂解法和催化裂解法。

热分解油化技术具有很多优点:产生的氮氧化物、硫氧化物较

图 2-17　不同种类塑料造粒后的改性粒子

少,热裂解残渣中腐败性有机物量较少。然而该法也存在一些问题,催化剂价格高、寿命短、设备投资大,工艺流程复杂,操作困难,不能规模化生产,必须结合废旧塑料的收集、分选、预处理等和后处理中的烃类精馏、纯化等技术,才能实现工业化应用(图 2-18)。

(2)超临界水油化技术。超临界水油化技术是以超临界水为介质,对废旧塑料实现快速、高效分解的方法。由于该方法具有分解速率快、二次污染少,而且比较经济等优点,现已成为国内外的研究热点。

对 PS(聚苯乙烯)以及 PS/PP(聚丙烯)混合塑料进行的超临界水降解研究表明,PS 可在温度 380℃ 的条件下、1 小时内完全降解;质量比为 7/3 的 PS/PP 可在温度 390℃ 的条件下、1 小时内完全降解。

图 2-18 塑料热分解油化装置

超临界水油化技术的优势是:分解反应速率高,可以避免热分解时发生的炭化现象,反应不污染环境。但同时也存在如下问题:需在高温高压条件下进行,设备投资大,操作成本难以降低。

(3)共焦化技术。废旧塑料与煤共焦化技术是新近发展起来的可以大规模处理混合废旧塑料的工业化实用型技术。它是基于现有炼焦炉的高温干馏技术,将废旧塑料按一定比例配入炼焦煤中,经过1200℃高温干馏,可分别得到20%的焦炭(用作高炉还原剂)、40%的油化产品(包括焦油和柴油,用作化工原料)和40%的焦炉煤气(用作发电等)。产物按炼焦工艺焦炉产物的常规处理方式进行,实现废旧塑料的资源化利用和无害化处理。此项工艺依托现有钢铁企业的炼焦炉、焦油回收系统、煤气净化与回收利用系统,不需对传统的炼焦工艺进行改造,只需增加破碎、混合、成型设备即可投入生产应用,大大降低了传统塑料热解工艺的初期投资与运行费用。

废旧塑料与煤共焦化技术的优势是：对废旧塑料的原料要求相对较低，工艺流程简单，设备投资较小。废旧塑料处理过程实现全密闭操作，而且废旧塑料不直接焚烧，防止二噁英类剧毒物质的产生。

我国在废旧塑料的回收利用方面已取得了一定的进展，但如何更好地利用和开发废旧塑料仍是塑料工业面临的一大研究课题。废旧塑料的回收和改性利用是解决废旧塑料环境污染的有效方法，具有巨大的工业潜力，也是国家目前主要支持的方向之一，是塑料行业持续发展的必由之路。

三、废玻璃类

提到可回收垃圾，人们一般会想到废纸、废金属、废塑料等，这些品种存量巨大，而且都有很高的回收利用价值。但对于废玻璃的回收利用，人们就很陌生。事实上，作为一种有着数千年应用历史的材料，玻璃与人类社会的发展和人们的日常生活息息相关。随着对玻璃制品，尤其是与人们生活密切相关的玻璃包装、装修玻璃的消费需求日益增长，废弃玻璃的数量也逐年增多，由此产生了不小的问题。

一方面，企业为满足消费者需求而增加玻璃的生产量，与此同时生产中的废弃玻璃量不容小觑。如在平板玻璃的生产过程中，正常切割所产生的边角料占总产量的15%~25%；还有相当一部分废玻璃是定期停产产生的，约占玻璃生产总量的5%~10%。玻璃废丝是玻璃纤维生产过程中必然会产生的一种工业废渣，产生量一般占玻璃纤维产量的15%左右。人们日常生活中丢弃的玻璃包装瓶罐及打碎的玻璃窗碎片等也是废玻璃的来源之一。另一方面,玻璃制品使用后的处理渠道也亟待拓宽。

根据联合国的相关统计,废玻璃在固体废弃物中的占比已经达到7%。在城市生活垃圾中,欧美发达国家的废玻璃占比为4%~8%。我国的情况亦不容乐观,每年产生的废玻璃约有1040万吨,占国内固体废弃物总量的5%左右。随着综合国力的增强和人们生活水平的提高,废玻璃的总量不断增加。废玻璃是一种生活垃圾,它的存在既容易给人们的生产和生活造成伤害和不便,又会带来环境污染,占用宝贵的土地资源,增加环境负荷,还造成了大量的资源和能源的浪费。据统计,每生产1吨玻璃制品,消耗700~800千克石英砂、100~200千克纯碱和其他化工原料,合计每生产1吨玻璃制品,要用去1.1~1.3吨原料,而且还要消耗大量煤、油和电。

更麻烦的是,废玻璃是一种无法通过焚烧,无法在填埋中自然降解且无法采用一般的物理、化学方法加以分解和处理的废弃物。有研究表明,玻璃及其制品的自然降解时间可长达4000年,对于人类社会来说,这种降解速度实在是太过漫长。由于玻璃制造和加工等原因,废玻璃中一般含有锌、铜等重金属,如果处理不当,可能还会污染土壤和地下水。另外,玻璃容易破碎,一旦有人或动物试图吞下或舔食玻璃碎片上残存的食物或饮料,就有可能受到严重伤害。各国历来都非常重视对废玻璃的回收利用,并不断探索其回收利用新技术、新途径。

（一）国内外废玻璃回用概况

在欧洲，玻璃包装的回收利用是循环经济中一个最成功的保护资源和环境的举措，废玻璃的回收远远领先于其他材料，各国回收的玻璃使该地区熔制玻璃制品所需原料节省了将近50%。回收率最高的是包装用瓶罐玻璃，超过50%，在一些国家甚至超过85%的玻璃包装物被重新利用制作成新的瓶，消费者、制造商和自然环境都从玻璃回收中受益。在澳大利亚，所有的玻璃瓶和玻璃罐子均被作为可回收垃圾，需要放在黄色的回收垃圾筒内，玻璃瓶罐需要尽完整。此外像是陶瓷瓦罐、窗玻璃、镜子等一类玻璃制品是不能直接放在可回收玻璃制品的箱子当中的，这一些物品可以经过简单的包裹之后，放在普通垃圾箱当中。这些回收物品被运到垃圾处理厂之后，处理厂会利用磁铁、传送带甚至用来侦测垃圾密度的光线折射系统，对回收物品进行分拣处理。

在德国，实行瓶子退押金与严格的垃圾分类，对于玻璃制品的回收，普通的饮料瓶可以到商场退瓶取回瓶子押金，剩余的一些玻璃瓶可以作为垃圾扔到3个大铁箱，分别投放绿色透明、白色以及褐色三种颜色的玻璃瓶。除此之外，德国对于垃圾的乱倒有严格的处罚措施，所以德国在垃圾回收利用方面最为成功，玻璃制品的垃圾回收利用率接近100%。

我国的废玻璃回收利用起步较晚，并且主要由玻璃工厂自行回收边角废料，酒厂回收酒瓶。20世纪80年代末至90年代，国内出现了以废玻璃为原料，生产再生平板玻璃的小平拉玻璃厂，当时用废玻璃生产再生玻璃是我国废玻璃利用的主要途径。但是通过各大、中、小城镇废品收购站回收的废玻璃则微乎其微。此外,那些小平拉玻璃厂的生产也存在不少问题。小平拉生产工艺是一种设备十分简陋、环境污染严重、能耗较高的落后生产工艺,生产出的平板玻璃不仅透光率低,而且存在大量的波筋、气泡、麻点、划伤等缺陷。不仅如此,这种玻璃质脆,极易破损。

目前,我国平板玻璃已供大于求。为改变这一局面,国家已限期淘汰这些小平拉再生玻璃生产线。因此,寻找新的废玻璃合理再利用途径是需要我们认真对待和解决的一个难题。令人欣慰的是,如今,废玻璃在浮法玻璃生产中的再利用技术已经取得突破。在我国,湖南某再生资源企业的一条浮法玻璃生产线对于废玻璃的利用率高达 90%以上。也正是由于在生产过程中对废玻璃的这种高效利用,使得熔窑热点温度仅为 1408℃。由于具有油耗低、助燃空气用量少等特点,其环保指标明显低于国家标准的规定,颗粒物排放浓度,二氧化硫、氮氧化物等的排放量均低于国家标准要求。据了解,这条生产线每年可加工利用废玻璃约 10 万吨。

(二)废玻璃资源化利用

如何回收利用废玻璃呢?让废弃的玻璃自身循环再利用,当然是再好不过的一种办法。把废玻璃加以回收利用,能产生显著的节能减排效益。每回收利用 1 吨废玻璃,可以节约 0.58 吨标准煤,减少二氧化碳气体排放 1.26 吨,减少固体废弃物排放 1.16 吨。采用这种处理方式的主要集中在包装玻璃容器方面,如啤酒瓶、饮料瓶等。如果在有效期内提高它们的重复使用次数,不仅可以提高利用效率,而且可以降低生产成本。以啤酒瓶为例,重复使用一个啤酒瓶所节省的能源可以使40瓦的灯泡持续亮4个小时。据了解，目前占玻璃包装容器产量1/3的包装瓶能够被重复使用。对于纯大多数废玻璃来说，若要在“来生”重新以玻璃的面目现身，并不像那些废啤酒瓶或是汽水饮料瓶一般“幸运”，它们需要下大力气“洗心革面”，甚至还要回炉“锻炼”一番。

我国在废玻璃回收利用方面已取得可圈可点的成绩，其回收利用技术和方法越来越成熟。玻璃制品的回收利用有几种类型：作为铸造用熔剂、转型利用、回炉再造、原料回收和重复利用等。

（1）作为铸造用熔剂。碎玻璃可作为铸钢和铸造铜合金熔炼的熔剂，起覆盖熔液防止氧化作用。

（2）回炉再造。将回收的玻璃进行预处理后，回炉熔融制造玻璃容器、玻璃纤维等。

（3）原料回用。将回收的碎玻璃作为玻璃制品的添加原料，因为适量地加入碎玻璃有助于玻璃在较低温度下熔融。

（4）重复利用玻璃瓶。包装的重复利用范围主要为低值量大的商品包装玻璃瓶。如啤酒瓶、汽水瓶、酱油瓶、食醋瓶及部分罐头瓶等。

（5）转型利用。转型利用是一种急待开发的回收利用方法，今后将会有很多新的可带来增值的技术用于转型利用。在美国和加拿大，人们将回收的废玻璃与石子、沥青按照60%、10%和30%的比例混合，制成一种“玻璃沥青”，用于冬季路面维修和施工。实践证明，这种添加了废玻璃的筑路材料具有许多优点：加大路面摩擦力，大幅度减少车辆因横向侧滑而产生的事故；有效改善路面光反射，使之更加柔和；提高道路的耐磨性能；加快路面积雪融化速度；特别适合低气温地区使用……利用回收的废玻璃制造这种“玻璃沥青”，其工艺十分简单，且无须在颜色上进行分选。如果将玻璃废品和垃圾的处理场地设在道路修建工程附近，还能节约填料运费等。

在现实中，回收的废玻璃被广泛用于建筑工程中。把废玻璃用在黏土砖生产中，替代部分黏土矿物组成和助熔剂，不仅可以提高黏土砖的质量，而且能节省原材料，降低生产成本。利用废玻璃生产的微晶玻璃仿大理石（图 2-19），不仅可用于建筑物的墙体装

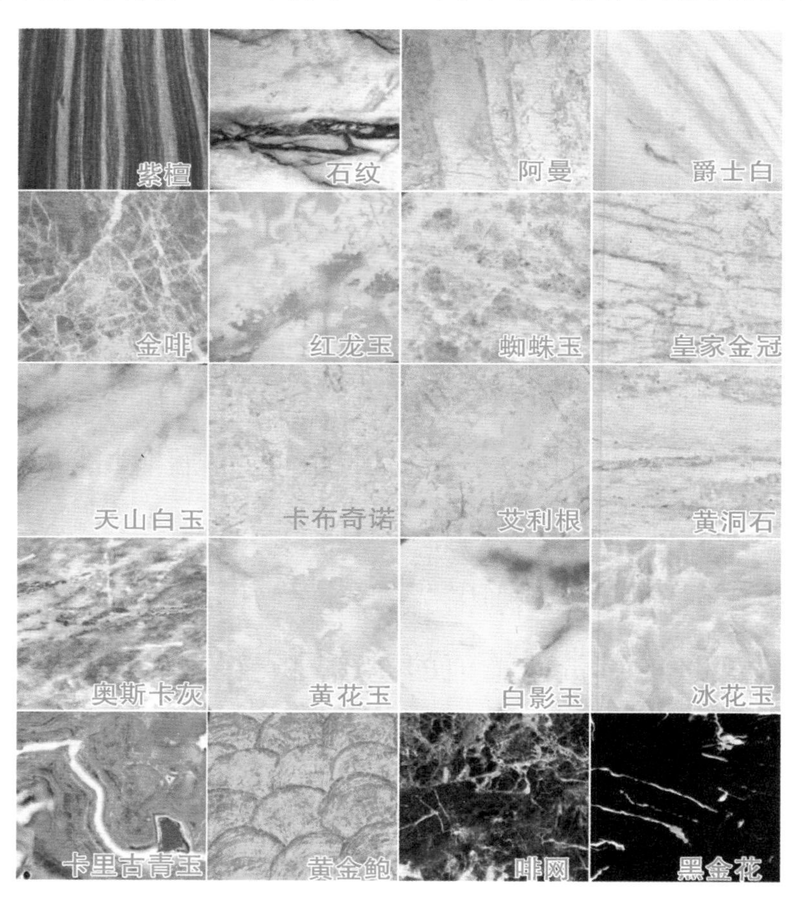

图 2-19　微晶玻璃仿大理石

饰、地面装饰，而且还可用于制造物料运输的耐磨流槽、实验台板、桌面等，其产品质量优于天然石材以及陶瓷制品。利用回收的废玻璃生产建筑面砖，不仅可降低建筑饰面成本，从而降低工程造价；也能降低工人的劳动强度，加快施工进度；而且能改善建筑饰面易脱落和层面易被磨损的自身缺陷以及对天然矿物材料化学成分及含量严格选配的局限性，具有广阔的应用前景。通过压制成型低温烧结法或熔融法等方式，用回收的废玻璃制造的马赛克被广泛用于建筑内外饰面材料或者艺术镶嵌材料。如果在水磨石的加工制造过程中，用废玻璃碎块代替大理石碎片，因玻璃的硬度较高，所制成的水磨石的耐磨性会明显提升。

四、废金属类

（一）国内外废金属回收概况

现如今，金属制品的应用范围十分广泛，小到日常生活用品，大到建筑钢材。但在使用过程中，也会产生大量废旧金属，如果不进行回收利用，不仅对资源是严重的浪费，还会造成环境的污染。因此，废旧金属的回收和利用十分必要。

有人曾做过这样的估算：回收一个废弃的铝质易拉罐要比制造一个新易拉罐节省 20%的资金，同时还可节约 90%～97%的能源。回收 1 吨废钢铁可炼得好钢 0.9 吨，相当于节约矿石 3 吨，可节约成本 47%，同时还可减少空气污染、水污染和固体废弃物。可见，废旧金属的回收再利用不仅能够缓解资源需求，对环境起到保护作用，还有着巨大的经济效益。

国外废旧金属主要分布在工业发达国家或地区，大体可分为北美地区（美国，加拿大）、欧洲地区、东南亚地区（日本，韩国，中国台湾地区）、俄罗斯及澳大利亚等五大部分。北美地区工业高度发达每年都产生大量的废旧金属，因为该地区人工成本较高，除可以直接利用的废旧金属外，一般都出口到国外处理。大湖地区是汽车工业产业集群，形成了诸多机械，冶金生产加工基地，产生大量工业废旧金属，主要为机械零件加工过程所产生的边脚废料和淘汰产品、不合格产品。宾夕法尼亚州匹兹堡地区，则产生大量黑色金属废次产品，同时也产生大量废旧有色金属。新泽西州以化工、轻工工业机械为主，主要废料为有色废旧金属及不锈钢废料。美西地区西北部，以波音公司为首的航天工业，为废五金的出口提供了大量资源。南方的休斯敦地区所产生的金属废料，大都通过休斯敦港运往国外。此外其他地区也因为发达的工业产生大量消耗性工业品废料。

欧盟国家对废弃物的回收一直处于世界领先水平。以有色金属的回收为例。2001 年欧盟国家的总回收率就超过 34.7%，其中铝 30%~40%，铜 40%~50%，铅 50%~60%，镍 35%~45%，不锈钢 50%，锌 20%~30%，锡 15%~20%。随着科学技术的进步和人们对循环经济的深入认识，欧盟的废弃物回收率越来越高。最新数据显示，欧洲铝制饮料罐的回收率差异很大，从马耳他的 30%到德国和芬兰的 99%。欧洲所有铝制饮料罐中有 74.5%被回收，因此仍属于欧洲循环经济。2016 年，欧盟向全球出口了约 941 吨废钢。这些废料中有 80%以上发往亚洲，其中 38%发往中国，27%发往印度。废料的高出口水平损害了欧洲回收业和循环经济的发展。如果将这些废料保留在欧盟而不是出口，则可以将其回收利用，从而节省约95%的生产原铝所需的能源（图2-20）。

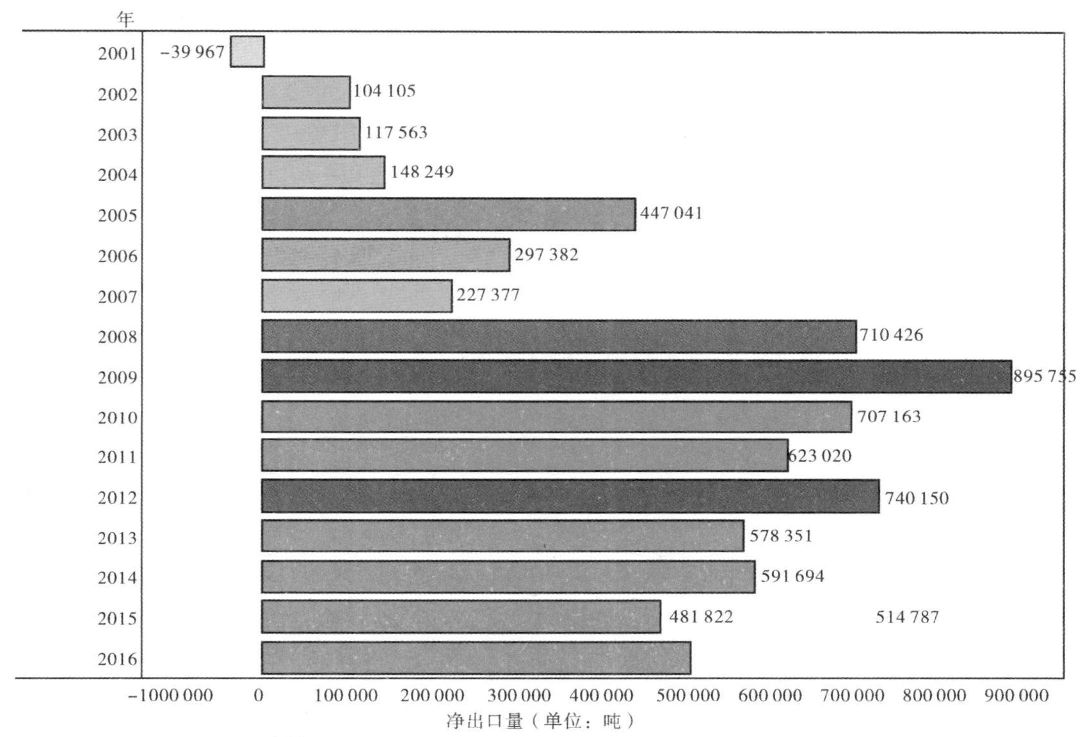

图2-20　欧盟废铝净出口的演变

日本工业发达而土地狭小，资源匮乏，劳工费用极高，环保要求严格，因而日本工业生产的材料利用率极高。其加工产生废旧金属的特点是，工业生产边角料极其碎小，品种区分不规范，常常混杂堆放，不加分捡，质量不佳，均为低品质废料。相对而言，日常消耗性工业产品所产生的废五金所占比例较大，因而价格便宜。日本政府对废五金的出口还给以政策性的补贴，鼓励将废弃金属垃圾运到国外处理。

我国改革开发到现在已过去了近 40 年,也已逐步进入资源循环大周期,大量汽车、家电等机电产品面临淘汰或报废,为我国国内废旧金属再生产业提供了基础条件。2018 年,我国废钢铁、废有色金属、废塑料、废轮胎、废纸、废弃电器电子产品、报废机动车、废旧纺织品、废玻璃、废电池十大类别的再生资源回收总量为 32218.2 亿吨,同比增长 14.2%;2018 年,我国十大品种再生资源回收总值为 8704.6 亿元,同比增长 15.3%。2018 年,我国废钢铁、废有色金属、废塑料、废纸、废旧纺织品五大类别的再生资源进口总量 1986.6 万吨,同比下降 45.1%;2018 年,我国废钢铁、废有色金属、废塑料、废纸、废旧纺织品五大类别的再生资源出口总量 67.9 万吨,同比下降 73.6%。

我国优质资源短缺,重要战略资源对外依存度日益加大。废物资源化已经成为有效缓解战略资源短缺矛盾的重要途径。

(二)废金属资源化利用

废旧金属主要通过火法富集、湿法溶解、微生物吸附等工艺实现资源回收利用,既减少对自然环境的破坏,又降低金属冶炼成本。如图 2-21 所示。

废旧金属还可经过加工,成为金属雕塑、工艺品等,实现更高的美学价值(图 2-22)。

上海市的生活垃圾科普展示馆,其设计、建造和布展的方式,也融入了很多废旧金属的元素。比如门厅背景墙的一尊绿色山水概念雕塑(图 2-23),是利用回收金属板做成的;入口广场前的"reduce""recycle""reuse"英文雕塑(图 2-24),是用回收的金属材料锈钢板做成的,代表了生活垃圾处理的三原则“减量化”“无害化”“资源化”;展厅中还摆放着用易拉罐制成的展品——“大小眼易拉罐合唱团”。

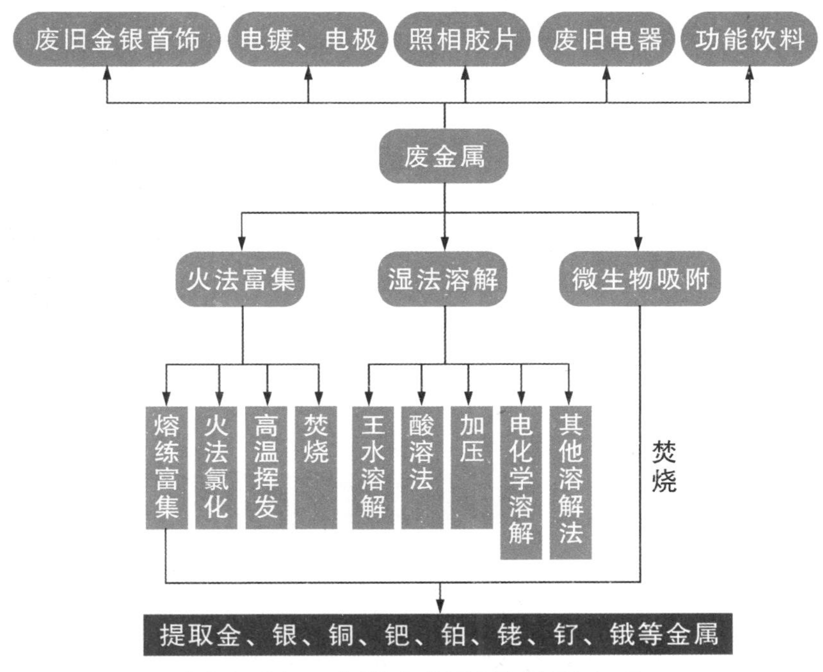

图 2-21　废旧金属回收处理方式

图 2-22　废金属再造工艺品

图 2-23　上海生活垃圾科普展示馆门厅背景墙

图 2-24　上海生活垃圾科普展示馆入口广场雕塑

研究表明,回收一个废弃的铝质易拉罐要比制造一个新易拉罐节省 20%的资金,同时还可节约 90%~97%的能源。回收 1 吨废钢铁可炼得好钢 0.9 吨,与用矿石冶炼相比,可节约成本 47%,同

时还可减少空气污染、水污染和固体废弃物。工业越发达的国家再生金属产业规模越大，再生金属循环使用比率越高。如果能够减少对原始矿产资源的利用而更有效地利用废旧金属，这将会给我国减少很多的资源负担。

五、废织物类

（一）废织物回收概况

随着经济的高速发展，居民的生活水平不断提高，家庭纺织品逐年的增加，衣着更替迅速，家庭衣物淘汰量和废弃量与日俱增，造成大量资源的浪费也加大了环境的污染。

纺织工业碳排放量占世界总排放量的10%，是世界上污染最严重的第二大产业。我国每年在生产和消费环节产生约2000万吨左右的废旧衣物，大部分的人都选择将废旧衣物当垃圾处理，可再利用率不到10%，那些废弃的衣服可能需要10年以上的分解时间，如果全部丢弃就会造成很大的浪费以及环境污染。

日常生活中穿着的衣物材质，分为面料和丝料两大类，其中以棉、麻、丝绸、呢绒、皮革、化纤、混纺等7种材质为主。这些材质中有的属于纯天然材质，有的属于人工合成材质。绝大部分天然材料可以在填埋的过程中被降解，小部分人工合成材料如竹纤维、铜氨纤维、纤丝等人造纤维可被降解。除以上材质之外，衣物中的其余材料均不能降解。即使高温暴晒，也只能降解很小一部分。无法降解的材料数量惊人，在填埋时将会占用很大的空间。

不仅如此，衣物大多经过染制，在生产时还会添加拉链、纽扣等配件。这些染料和配件里的塑料、金属成分，在填埋过程中有可能释放出有毒有害物质，污染水源和土壤。焚烧时，所有的衣物都会产生有毒气体，污染空气。即使能够被降解的衣物，也有可能带有致病的微生物或病毒，不经处理，都有可能对人们的身体健康造成威胁。

虽然废旧衣物变为垃圾会产生如此多的危害，但几乎100%的衣物都可以被回收再利用。国际回收局（BIR）此前曾估算，"每合理利用1千克废旧纺织物，可以降低3.6千克二氧化碳排放，节约水6000升，减少使用0.3千克的化肥和0.2千克的农药"。而旧衣物作为垃圾废弃后，如果被焚烧，在消耗煤炭、电力等能源的同时，会产生大量污染物，包括二氧化碳、燃烧后的灰烬等。如以填埋的形式被粗暴处理，不仅占用土地，所产生的有害物质还污染水土。

（二）废织物利用

废旧衣物回收到仓库后，可以通过物理法开松制成各种材料；回收来的部分材质，打碎之后可以制成农业的大棚保温材料；回收来的废旧纺织物，打碎之后，配合开松生产设备，加上无纺布针刺机，每年可以生产100万平方米的棉毡，制成汽车隔音棉，能够吸音、阻燃和减震。

此外鞋业皮革、服装废料等废弃布料垃圾与生活垃圾混合收集后，压缩成团运至垃圾焚烧厂进行焚烧处理，废弃布料垃圾因与生活垃圾缠绕成团未能完全燃烧，存在一氧化碳等烟气排放超标问题。废弃布料垃圾经分类收集、破碎、投料焚烧后可实现物质充分燃烧，大大降低一氧化碳等烟气排放量。

第三节　可回收物的改造

一、废纸箱巧变鞋柜

家里有很多废纸板、纸箱，非常占用空间，直接扔了还比较可惜。下面为老年朋友介绍一种实用的废纸箱变身方法。

（一）做框架

首先确定你需要放置鞋柜的位置，然后确定鞋柜的长宽高。接着进行裁剪，先裁剪出来长宽高的框架，如果说纸皮的大小刚好与框架相同就最好，如果没有的话就要裁剪好相对的尺寸然后用胶布或者绳子来固定(图 2-25)。

图 2-25　鞋柜框架

（二）固定

鞋柜因为承受力要大一些，所以会用绳子固定一次然后再用胶布来固定。钻孔然后穿绳打死结就行了，绳子没有特殊要求。如果是比较小的收纳，例如桌面收纳、隔板收纳，放置的东西比较轻则不需要用到绳子来固定，可以直接用胶布。

（三）分割

想做抽屉式的，可以分割一下，固定方式也是有用到穿绳。如图 2-26 所示，中间两个分开来，分别放两双鞋子。最底层的大抽屉如果想要放长筒靴，则不用做分割。

（四）制作抽屉

之所以制作抽屉，是因为抽屉能更好地防尘，而且也更加美观。如果有适合大小的鞋盒可以直接套用，当然在最开始的时候尺寸要算好。如果没有的话，制作好框架之后在计算尺寸时，裁剪时长宽高都要裁剪少掉 1 厘米。一是因为拼接的时候不可能完全贴合，二是因为抽屉的抽拉是需要一点小空间的。

（五）包装

这步骤是最重要的，因为不管你的瓦楞纸多么好看，绳子跟胶布都是会暴露在外面的。一般可以选择用剩下的做墙纸，效果还是不错的。另外裁剪了一小片的墙纸，把边角的地方包装起来。总的宗旨是大面积整体包，小面积分开包（图 2-27）。

图 2-26　分割鞋柜

图 2-27　包装鞋柜

（六）加提手

抽屉式的自然需要提手,做法是钻两个孔然后把绳子钻进,在内里打死结。如果没有粗绳子,可以很多股编在一起使用,毕竟鞋子是有一定重量的,而且抽屉也比较大,绳子一定要结实。

二、废旧玻璃瓶子变身吊灯

废弃玻璃瓶是我们日常生活中最常见的物品之一了。例如喝完酸奶剩下的玻璃瓶、吃完罐头剩下的罐子……生活中很多废弃的瓶子,你会怎么处理?是扔掉呢还是好好利用一番变废为宝?它除了是储物瓶子,还能做什么更好的创造呢?下面告诉老年朋友如何将废旧的玻璃瓶子改造成小吊灯。

（一）准备

首先需要准备玻璃瓶子，最好是找到表面上有一些凹凸图案或者是文字的，这样子灯泡的亮光可以让它更有风格，并且要用有金属盖子的玻璃瓶，洗干净，晾干。其他需要准备的有锤子、铁钉、灯线（可以拆下旧的灯线改造）、灯泡、胶水、手套（图2-28）。

图2-28　准备原材料

（二）钉孔

用铁锤在瓶盖上钉上一排的小孔，需要把盖子掏出一个孔，让灯线跟灯泡的衔接处置入这个孔中。在打孔之前要先画好这个圆孔，根据笔迹来打孔。取这个圆孔的方法不止这一种，也可以用钻头，利用自己身边已有的工具来选择开孔办法（图2-29）。

（三）粘合

用胶水把灯泡衔接处与孔用胶水粘在一起，这里使用的胶水最好是工业胶水，能黏合的比较好，例如说云石胶等。用胶水的时候需注意，利用小刷子棉签等物品来结合使用，最好是戴上手套，粘上之后自然风干，注意不要暴晒或者弄湿（图 2-30）。

图 2-29　铁锤钉孔

图 2-30　胶水黏合

（四）美化

衔接的工作完成后，这时候可以做一点美化工作。可以在与灯泡衔接的盖子上面做功课。最简单的就是喷漆了，铁锈金、玫瑰金等等都能给人欧美风格的既视感。喷漆之前，需要在电线上线包裹一层隔离缠带，不要让电线也染上颜色，自然风干之后可以再上层清漆，再把缠带也去除（图 2-31）。

（五）合盖

最后合上盖子，通上电，吊灯就完成了。可以选择一样的玻璃瓶，制作成一个系列的吊灯。不管是厨房，卫生间，阳台，还是家里的小院子，让人感觉到手工的温度充斥在整个空间（图 2-32）。

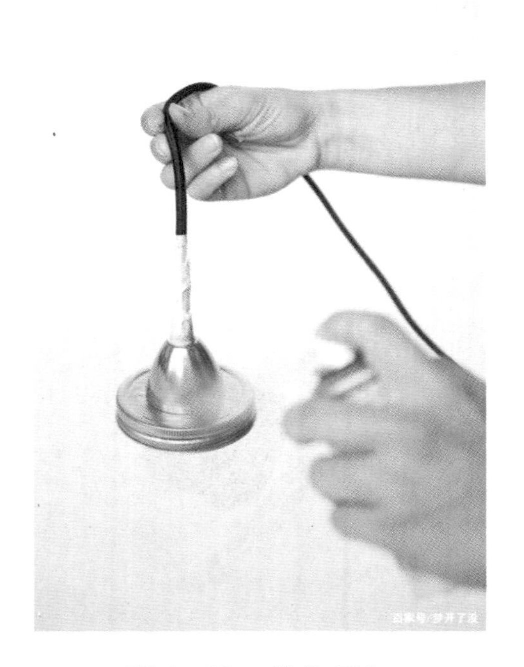

图 2-31　美化吊灯

图 2-32　吊灯合盖

三、塑料瓶大改造

一个随手就丢弃的塑料瓶，经过一番改造可以变得高大上。生活中有各种塑料瓶子，来看看它们逆袭成功的模样。

用可乐雪碧瓶子拼在一起呈一个圆柱形的模样，然后用胶布固定，再在四周加上缓冲的材料，外面再套上一个美美的外衣，美观实用哦，放在客厅里可以作为孩子的小沙发。

图 2-33 乍一看是一个灯笼，其实是雪碧瓶子改造的，涂上个大红色的颜料，里面再加一盏小灯，喜庆洋洋的感觉就来了。

图 2-34 是用针刺过的洗发水瓶子，可以刺出任何你想要的图案排列。白颜色的特别适合这样做，搭配上绿色的植物，美翻了。

图 2-33　饮料瓶改造成的灯笼　　图 2-34　针刺洗发水瓶做花盆

瓶身涂鸦是最常见的了，根据瓶子本身的特点然后进行涂鸦，这样用来作为水培或者是直接作为储蓄收纳罐都非常合适（图 2-35）。

瓶身半切，把它们排列组合，用螺丝锁在墙上，甚至是吊起来都好。一个系列的颜色，或者是撞色都很合适（图 2-36）。

图 2-35　塑料瓶涂鸦做收纳

图 2-36　塑料瓶半切做装饰

四、易拉罐制作简易烟灰缸

我们喝完的易拉罐装饮料，多数时候都是将空易拉缺罐随手扔掉，殊不知它可以被做成很多实用的东西，接着教大家如何采用易拉罐制作简易烟灰缸。

（一）准备

准备制作材料和工具：空易拉罐、剪刀、手套（保护双手）。

（二）剪切

准备一只空的易拉罐，用剪刀剪去盖体。依次从上而下用剪刀剪成竖条状，这个过程要注意安全，最好戴上手套操作。剪好后，将这些竖条平铺打开，猛一看很有向日葵的感觉。

（三）叠压

每 2~3 根，弯折并叠压在一起，依次进行操作下去直到所有竖条都弯折在一起。很快一个简易的烟灰缸就做成了（图 2-37）。不过还是提醒老年朋友少抽烟，多运动。

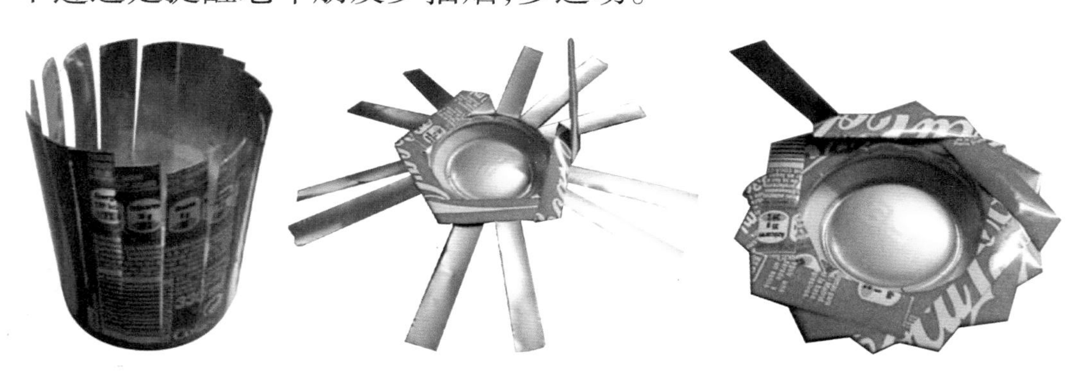

图 2-37　易拉罐制作简易烟灰缸

第三章　有害垃圾的分类和综合利用

有害垃圾指对人体健康和自然环境造成直接或潜在危害的生活废弃物(图 3-1)。生活垃圾中的有害垃圾包括电池类、含汞类、废药品类、废油漆类、废农药类。

图 3-1　有害垃圾标识

第一节　有害垃圾的分类

一、有害垃圾的主要类型

有害垃圾主要类型包括:废电池(镉镍电池、氧化汞电池、铅蓄电池等),废荧光灯管(日光灯管、节能灯等),废温度计,废血压计,废药品及其包装物,废油漆、溶剂及其包装物,废杀虫剂、消毒剂及其包装物,废胶片及废相纸等。

（一）废电池（镉镍电池、氧化汞电池、铅蓄电池等）

我们日常所用的普通干电池中含有汞、锰、镉、铅、锌、镍等各种金属物质。废旧电池被遗弃后，其外壳会慢慢腐蚀，其中的重金属物质会逐渐渗入土壤和水体，对环境造成污染，一旦人体摄入了这些污染物，其中遗留的金属元素就会沉积，对我们的健康造成极大威胁（图 3-2）。

图 3-2　废电池类有害垃圾

（二）废荧光灯管（日光灯管、节能灯等）

就废弃灯管来说，据相关媒体介绍，现行工艺制作的节能灯中大都含有化学元素汞，一只普通节能灯约含有 0.5 毫克汞，如果 1 毫克汞渗入地下，就会造成 360 吨的水污染。汞也会以蒸气的形式进入大气，一旦空气中的汞含量超标，会对人体造成危害，长期接触过量汞可造成中毒。水俣病就是慢性汞中毒最典型的公害病之一（图 3-3）。

（三）废温度计

一支水银温度计含汞约 1 克。如果温度计中的汞在一间 15 平方米、3 米高的房间里全部外泄蒸发，可使空气中的汞浓度达到

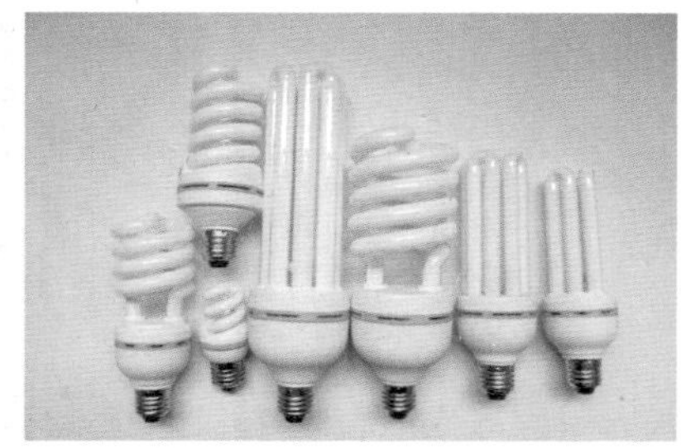

图 3-3　废灯管类有害垃圾

22.2 毫克/立方米。我国规定,汞在室内空气中的最高浓度为 0.01 毫克/立方米。如果置于汞浓度为 1.2~8.5 毫克/立方米的环境中,人很快就会中毒(图 3-4)。

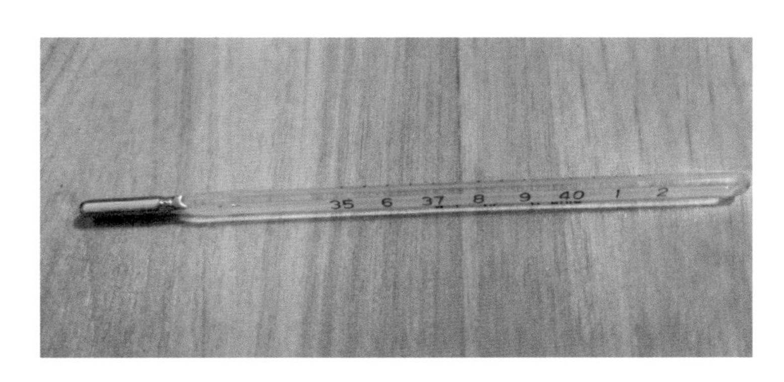

图 3-4　废体温计

(四) 废血压计

废血压计和废温度计一样,含有汞元素。普通人在汞浓度为 1~3 毫克/立方米的房间里仅两个小时,就可能出现头痛、发烧、腹部绞痛、呼吸困难等症状。中毒者的呼吸道和肺组织很可能受到损伤,甚至会因呼吸衰竭而死亡(图 3-5)。

图 3-5　废血压计

（五）废药品及其包装物

大多数药品过期后容易分解、蒸发，散发出有毒气体，造成室内环境污染，严重时还会对人体呼吸道产生危害。过期药品若是随意丢弃，会造成空气、土壤和水源环境的污染。一旦流入不法商贩之手，就会流转回市场，造成更严重的后果（图 3-6）。

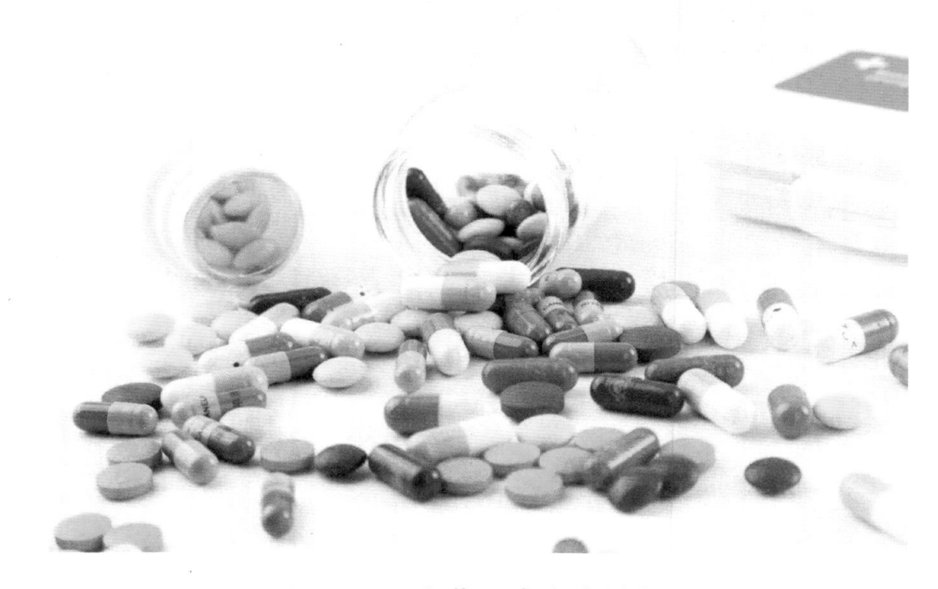

图 3-6　废药品类有害垃圾

（六）废油漆、溶剂及其包装物

废油漆中含有有机溶剂，具有较明显的毒性。它挥发性高，易被人体吸入，可引起头痛、过敏等症状，严重时可致人昏迷，甚至有可能致癌。此外，较为常见的油漆中所含的铅也对人体具有较大危害（图 3-7）。

图 3-7　废油漆类有害垃圾

（七）废杀虫剂、消毒剂及其包装物

任何杀虫剂都具有一定的毒性，例如广泛使用的拟除虫菊酯的卫生杀虫剂，长期接触会引发头晕、头疼等症状。

消毒液在蒸发后会产生较多有害物质，这些物质在水蒸气的作用下会产生更强的有害性，对人体造成危害。

所以，废杀虫剂、消毒剂如果处理不当、不慎泄露，蒸发到空气中，就会对人体产生较大的杀害。

（八）废胶片及废相纸

废胶片及废相纸属于感光材料废物，这些废物若处置不当，不仅会严重污染水体和土壤，被人体摄入后，还有致癌的危险。

二、有害垃圾的投放要求

有害垃圾的投放要求遵循便利、快捷、安全原则，设立专门场所或容器，对不同品种的有害垃圾进行分类投放、收集、暂存，并在醒目位置设置有害垃圾标志。对列入《国家危险废物名录》的品种，应按要求设置临时贮存场所。

需要注意的是，在公共场所产生有害垃圾且未发现对应收集容器时，应携带至有害垃圾投放点妥善投放，不可投放至其他垃圾桶。分类投放有害垃圾时，应注意轻放。废灯管等易破损的有害垃圾应该连同包装或包裹后一并投放，防止废灯管、水银温度计等破碎，以免其中的有机溶剂、矿物油等物质溢出；废弃药品应连包装或包裹后一并投放；杀虫剂等压力罐装容器，应排空内容物后投放。

第二节　有害垃圾的回收利用

由于对人体和环境的破坏作用，有害垃圾必须在经过分拣和存储后，由专业的危废处理企业进行无害化处理。接下来，我们来追踪一下废电池、废荧光灯管和废药品的处理。

一、废电池类

伴随我国科技水平及社会生活水平的不断提高，越来越多的电子产品被人们购买和使用。而电池作为一种便携式能量储存器，消耗量与日俱增。电池中含有大量的有毒有害物质，如果进行随意丢弃，其对环境造成的影响也是相当巨大的。科学调查显示，一颗纽扣电池一旦随意丢弃，可以污染掉高达 60 万升的水体，约等于正常人一生的用水量。

废电池中含有大量的酸性和碱性溶液，特别是经过雨水的冲刷和淋溶之后，会对附近的水体和土壤的 pH 值造成影响，导致土壤及水体的酸化或碱化，水体 pH 值的改变直接影响水中生物的生长繁殖，同时环境的改变也会对人类的健康造成影响。

从电池的主要结构可以看出，电池中含有大量的重金属，总的来说主要有锌、汞、镉、镍、铅等，这些重金属一旦流入生态系统并进入食物网，会对人体健康造成诸多不利影响。汞，特别是有机汞化物具有极强的生物毒性和极长的脑器官生物半衰期，能引发中枢神经疾病；铅会导致人体精神紊乱及消化系统的损害等；镉具有致癌性，是引发疼痛病的元凶；镍、锌的毒性相对较小，同时还是人体必需的微量元素，但是如果摄入过多，同样会对人体造成一定的危害。

除了酸、碱电解质以及重金属的污染，废电池的随意丢弃和处理也会带来其他方面的污染。废电池在进行焚烧处理的过程中释放的污染物对大气造成的危害；在废电池集中清运、贮存过程中由于管理不善，造成局部地区更加严重的污染问题，等等。

（一）废电池回收利用概况

我国电池的消费与生产量的总和占世界总量的1/3，对废电池进行资源化回收利用对于环境的保护以及资源的再生都有着极大的效用，然而就目前我国废电池回收处理现状来看，仍然存在大量的问题。

由于对废电池相关影响的知识教育的却乏，大部分人认识不到废旧电池对环境危害的严重性，环保意识的淡薄使得群众不能积极主动地参与旧电池的回收处理上，致使许多电池回收设备形同虚设，并不能够很好地利用起来。据调查，目前我国电池的年使用量高达70亿只左右，并以每年10%左右的速度在增长，然而其回收力度却不足2%。较低的回收水平也导致废电池的处理难以产业化、规模化。

由于废旧电池中含有大量的有毒有害物质，特殊的结构又决定了其处理难度的升高，加上处理水平和经济条件的制约，使得废电池的回收很难向产业化发展。同时该产业较低的处理利润很难吸引较多的投资者投资处理，给废电池的回收处理带来一定的困难。

到目前为止，我国仍然缺乏对废旧电池处理的相关法律法规，因此使得生产者、消费者和使用者之间很难分清各自应当承担的责任。由于缺少法律的制约，使得一些正式的回收处理厂商经常面临回收量不足的困境；另一方面，一些对环境污染较大的小加工作坊由于技术上的难以跟进及设备的缺乏，不但使得废电池中的有用物质很难得到回收利用，还会带来更加严重的二次污染。

（二）废电池的回收利用

针对不同种类的电池，所采用的处理方式、处理技术也不同。现在最常用的处理方式有三种：固化深埋、存放于旧矿井、回收利用。

1. 含镍电池的处理

镉镍电池主要包含污染性的镉以及贵重金属镍，它的回收利用主要集中于火法和湿法两种工艺过程，其中关于火法回收废旧镉镍电池工艺的研究相对来说已经比较成熟。

火法工艺流程：将电池破碎，利用金属镉易挥发的性质，在还原剂存在下蒸馏回收镉，然后再回收镍或把镍与铁生成镍-铁合金。火法工艺简洁，回收镉的纯度较高，比较容易实现工业化，但能量消耗很大且往往忽略对镍的有效回收。

湿法工艺流程：电池预处理（指去壳破碎、焙烧或者初分为粗部、细部）—酸浸或碱浸—分离。其中，浸出液中的金属离子尤其是镉与镍的分离是关键。普遍的分离方法有：化学沉淀、电化学沉积、有机溶剂选择性萃取、生物分解和置换等。因电动汽车等用电器的快速发展，将产生大量的大容量废旧镉镍电池，对回收处理工艺和规模都提出了要求。

2. 锂离子电池的处理

锂离子电池的处理工艺是先将电池焚烧以除去有机物，再筛选去铁和铜后，将残余粉加热并溶于酸中，用有机溶媒便可提出氧化钴，可用作颜料、涂料的制作原料（图 3-8）。

图 3-8　锂电子电池处理装置

3. 含汞电池的处理

对含汞较低的电池，主要采用固化后填埋的方法进行处理。对含汞较高的电池用湿法与火法处理方法。湿法冶金有焙烧-浸出法和直接浸出法。火法冶金分为常压冶金法和真空冶金法。

4. 铅蓄电池的处理

20 世纪 90 年代初采用的铅酸蓄电池再生工艺主要分为机壳解体、分类、再生等。近年来，我国对废铅蓄电池回收利用技术的研究出了火法冶炼再生铅工艺，此项技术具有回收效率高、污染小等特点（图 3-9）。

为了人们健康、生活、工作的长远利用着想，应提高全民的环保意识，提高人们的综合素质，不断改变人们的观念，让环保观念从一点一滴进入人民的日常生活中，既而成为人民的习惯行为，从而使回收废旧电池的行为成为人们日常生活中的一部分（图 3-10）。

图 3-9 铅蓄电池处理装置

图 3-10 废电池回收箱

二、废荧光灯管类

荧光灯，也称日光灯，主要是利用紫外线照射荧光粉来发光。其基本部件主要有灯管、镇流器和启辉器等。汞是日光灯制造中不可或缺的成分，这是因为汞不仅可以提高荧光灯的发光效率，还能延长其使用寿命。由于目前还未研发出具有相同性能的产品，使得汞仍具有不可替代的地位。

一般日常使用的照明光源，当其效率降低或出现故障后，即会产生废灯管。我国 2018 年产生的废汞灯和荧光灯管达 10 多万吨。由于这些固体废料中的金属汞及其他物质难以进行有效回收和处理，造成对地表水和土壤的严重污染侵蚀。

针对废灯管的主要处理方式有填埋和回收利用两种途径。回收利用工艺有干法和湿法两种。其中湿法工艺在 2019 年仍多处于研究阶段，虽然已经有人设计并研制出了较为完备的无害化湿法处理系统，但其仍未成为主流的废灯管处理技术。干法处理工艺在国外得到了多年的探索，已经形成了一套较为完善成熟的工艺流程。该方法也逐渐被我国各地引用，形成了各具特色的处理模式。该方法主要有直接破碎分离和切端吹扫分离两种工艺。

经过回收工艺处理后的废灯管可回收约 90%的玻璃以及铜铝料、荧光粉等物质。其中玻璃、铜铝料等都是可循环再利用的物料或可当作添加物使用。

在我们丢弃废旧灯管时，也要注意尽量避免灯管破损。完好的灯管可置于坚固的储存容器内。而对于已经破损的废灯管，为

了避免玻璃刺伤或者荧光粉、汞蒸汽等有害物质外泄造成污染,可用厚纸及塑料袋将其妥善包装后再丢弃(图 3-11)。

图 3-11 废灯具回收箱

三、废药品类

很多家庭都会有个小药箱,在家里备些常备药,也都会有药品过期的问题,不少人将这些药品扔进了垃圾箱。

事实上,这种行为造成的污染并不亚于乱扔废电池。地下水在循环过程中,沿途携带的各种有害物质由于水的稀释扩散,降低浓度而无害化,这是水的自净作用。但仅有极少量药物成分会在这个过程中自我分解或者降低浓度,多数药物溶解后是无法被净化的。尤其是西药,大部分都是提纯复合物,失效后经过填埋、发酵,有可能产生致癌物。这些物质会渗透到地下水中,极易造成巨大危害。

废药品存在有效性和安全性问题,不但疗效降低达不到治疗效果,还会因为变质而分解产生新的物质,对人体造成危害。如不慎服用过期药物,建议大量饮水,加速药物排泄。同时咨询医生,如有不适应尽快就医。

处理废药品比较合理的做法是投放到药店专门的回收站,然后由监管部门统一处理(图 3-12)。但大多数城市的药品回收站数量有限,因此人们只能把过期的药品自行处理。据调查,大多数人会把家里的废药品扔进平时的生活垃圾里,但很多人因为担心完整的药品会被不当回收再利用,就把包装拆掉,然后把药品碾成粉,就直接倒掉。其实这样对环境是有一定污染的,尤其是碾碎的药物如果是抗生素的话,更容易造成污染。建议将废药品连同整包装一起仍在有害垃圾桶里。

图 3-12 过期药品回收箱

废药品已被明确列入《国家危险废弃物目录》，属于“废药物、药品”一项，即那些生产、销售及使用过程中产生的失效、变质、过期、不合格、淘汰、伪劣药品。过期药品需要进行科学回收，应交由药品监督部门，在其监督和帮助下进行销毁。

第四章　易腐垃圾的分类和综合利用

易腐垃圾一般是指居民在日常生活及食品加工、饮食服务单位供餐等活动中产生的易腐的、含有有机质的生活垃圾，包括丢弃不用的菜叶、剩菜、剩果皮、蛋壳、茶渣、骨头等，其主要来源为家庭厨房、餐厅、饭店、食堂、市场及其他食品加工业。

第一节　易腐垃圾的分类

易腐垃圾主要分为家庭易腐垃圾、易腐垃圾、其他易腐垃圾，包括家庭、相关单位食堂、宾馆、饭店等产生的易腐垃圾，农贸市场、农产品批发市场产生的蔬菜瓜果垃圾、腐肉、肉碎骨、蛋壳、畜禽内脏等（图 4-1）。

图 4-1　易腐垃圾标识

一、易腐垃圾的主要类型

生活中常见易腐垃圾:

(1)蔬菜瓜果:绿叶菜、根茎蔬菜、菌菇、水果的果肉、果皮、水果茎枝、果实等。

(2)残枝落叶:家养绿植、花卉、花瓣、枝叶等。

(3)畜禽内脏、腐肉:腊肉、午餐肉、肉类及其加工产品、鸡、鸭、猪、牛肉及其内脏等。

(4)肉碎骨:鱼骨、碎骨、鱼鳞、虾壳等。

(5)蛋壳:鸡蛋壳、鸭蛋壳等。

(6)调味品:糖、盐、酱油、醋等。

常见的易腐垃圾主要来源于农业生产、生活垃圾,随着世界人口的增长及生活水平的提高,产生的易腐废物数量越来越大,包括粪便、糟渣、滤泥、厨房及菜市场垃圾等种类繁多的有机物。这类废物在自然环境中易腐烂变质,成为妨碍正常生产及生活的污染源,造成环境公害。

易腐垃圾中蕴藏着巨大的物质财富,它将逐步被人们发现和认识。当前废弃物作为燃料、饲料、肥料和工业原料的价值已被开发,而对量大集中的易腐废弃物的处理和利用则因其性状恶劣,有一定的技术难度及投资效益等因素的制约尚未利用,还需做大量的工作。

二、易腐垃圾分类注意事项

(1)易腐垃圾应从产生时就与其他品种垃圾分开收集,易腐垃圾含水量高,易腐烂产生臭味,投放前尽量沥干水分。

(2)有包装物的易腐垃圾应将包装物去除后分类投放,包装物应投放到对应的可回收物或干垃圾收集容器。

(3)盛放易腐垃圾的容器,如塑料袋等,在投放时应予去除。

第二节　易腐垃圾的回收利用

易腐垃圾按照“预处理+固液分离+提油+固渣焚烧”的主工艺流程,进行无害化三相分离处理。集中收运、清洁运输、无害化处理,易腐垃圾进入“绿色”处理模式(图4-2)。

图4-2　易腐垃圾/厨余垃圾资源化的方法

一、易腐垃圾收运车

由于每家每户、餐饮店产生的易腐垃圾均具有含水量大、有机物含量高、易腐败的特点，因此几乎所有易腐垃圾收运车都必须进行密封处理。目前收运车辆为专业收运车，类型以挂壁式和桶装车为主，部分居民区或者企事业单位单独配置小型流动收运车收运至集中点，然后大车准时收运。

餐饮店产生的易腐垃圾一般使用专门的易腐垃圾车收运，易腐垃圾车是将桶装餐厨泔水垃圾经该车输送带缓缓上移，在车顶部倒入车厢内（车厢可分为箱体和罐体），被投放的垃圾经过强有力的推板挤压，在罐体内实现固液分离，被分离的液体进入罐体底部的污水箱，固体垃圾被压缩储存在罐体，体积变小，如此反复待装满后送至易腐垃圾资源优化处理厂。整个过程实现自动化，减少人力成本。

对于易腐垃圾的收运，国内很多城市都对其提出相关要求和标准，如上海市易腐垃圾收运体系标准如下：易腐垃圾采取上门收集，做到“日产日清”；易腐垃圾和餐厨废油收运企业采用密闭专用车辆收运，避免运输过程滴漏、遗撒和恶臭产生；收运企业发现所交的生活垃圾不符合分类标准，应当要求改正，拒不改正的，收运单位可以拒绝接收；镇区域范围居住区和单位易腐垃圾由各镇环卫收运队伍收运；公共场所湿垃圾由管养单位收运或委托环卫企业收运。

二、易腐垃圾处理方法

国内生活垃圾中易腐垃圾不论是北方还是南方，占比均较高，并且由于生活习惯和国外的差异使得国内易腐垃圾具有含水量大、有机物含量高、易腐败等特点。国内目前易腐垃圾处理主要有两种方法，分别为前端易腐垃圾处理器处理和后端易腐垃圾处理机厌氧发酵工艺两种。

（一）易腐垃圾处理器

易腐垃圾处理器可以安装在每家每户，从源头减少易腐垃圾进入中端运输、末端处理的量。处理器可处理的常见易腐垃圾类型见图4-3。

图4-3　可处理的常见易腐垃圾类型

居民可以将易腐垃圾处理器安装在洗碗台与下水道连接处，易腐垃圾通过易腐垃圾处理器破碎后进入下水管网系统（图 4-4）。

图 4-4　易腐垃圾处理器

（二）易腐垃圾处理机

易腐垃圾处理机适合用于一定规模的小区、大型餐饮企业、单位、学校食堂等地，通过此处理机器能够实现易腐垃圾的减量。压榨脱水及高温烘干时的污水经过处理达标后排入市政污水管网；发酵废气通过环保过滤装置预处理后，排送至喷淋洗涤塔净化，再经过活性炭装置过滤，最终排到一片花草绿植间；最后的有机肥主要用于绿地、公益林、花草种植等。

（三）易腐垃圾厌氧发酵处理

易腐垃圾厌氧发酵主体工艺流程主要包括分选、制浆、脱水、厌氧等环节。

易腐垃圾经预处理分选出不能降解的物质，此部分物质外运至垃圾综合处理厂处理，剩余的有机物经破碎制浆、脱水处理。脱出的水经油水分离，油脂部分进入废弃油脂处理系统，水部分进入废水处理系统，剩余的渣进入厨余厌氧系统。厌氧产生的沼气进入沼气处理系统，经脱硫、脱水后燃烧发电产热供厂区工艺系统自用，厌氧产生的沼渣进入脱水系统。脱水系统产生的废水进入废水处理系统，脱水后的残渣外运至污泥处理厂或垃圾综合处理厂焚烧处理（图 4-5）。

图 4-5　易腐垃圾处理机

易腐垃圾废水厌氧发酵的方法，包括以下步骤：将所述易腐垃圾废水与碳源和氮源混合，得到混合溶液，所述混合溶液中的碳氮

质量比为(30～40)∶1;将上述步骤得到的混合溶液进行厌氧发酵,产生沼气。易腐垃圾废水中含有较高含量的可溶性碳水化合物、蛋白质和脂肪,具有较高的含碳量,在较高含碳量的基础上继续提高易腐垃圾废水的碳氮比,有利于厌氧发酵过程的进行,提高产气量,而且能够提高得到的沼气中甲烷的含量,产气量为 383.0 毫升/克,得到的沼气中甲烷的含量可高达 85%(图 4-6)。

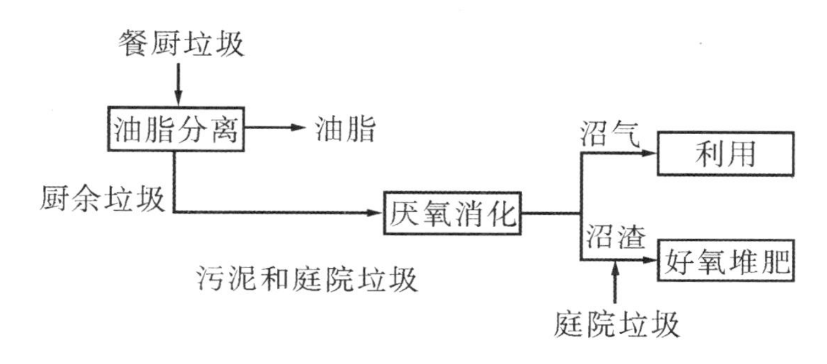

图 4-6　厌氧发酵处理工艺流程图

(四) 易腐垃圾桶堆肥

易腐垃圾桶堆肥法是一个生物转化模拟自然界物质循环的过程。通过微生物和菌群的生物转化,保持了蛋白质的精华,避免了饲料处理同源污染效应的弊端,避免了使用隐患。依靠自然界广泛分布的细菌、放线菌、真菌等微生物,在人工控制的条件下,将餐饮废渣的水分蒸发掉,经干燥后磨碎,把餐饮废渣通过一系列处理工序转变为可供农业生产使用的有机复合肥,防止产生有害气体。

易腐垃圾堆肥桶处理设备,按照固体废物处理方法统一处理易腐垃圾。具体的处理技术就是堆肥、沤发、腐熟等过程,其资源化再利用呈现形式多样化的趋势(图 4-7)。

图 4-7　易腐垃圾堆肥桶

传统的易腐垃圾处理方法是对易腐垃圾进行填埋处理，是一种厌氧消化系统处理方式方法，可将其中的可回收物进行酶解生成甲烷，而且可以将垃圾完全处理掉。但是，垃圾填埋是需要占用土地的，所以企业需要用地制度建设垃圾填埋场。土地被不断征用，自然环境也就造成了耕地的不断减少。

易腐垃圾桶堆肥法是厌氧沤发。易腐垃圾厌氧沤发是在缺氧或无氧环境下，易腐垃圾进行生物大分子在兼性菌等的作用下沤发为甲烷、二氧化碳和水等，在厌氧沤发生产过程中，还可收集利用沼气作为一个清洁能源的发展方向，在一定程度上能够减缓我国能源经济危机，实现易腐垃圾的减量化和资源化。易腐垃圾堆肥法，自动化程度高，如果是大规模堆肥，产生的沼气可用于发电、集中供暖等。

（五）易腐垃圾焚烧法处理

焚烧易腐垃圾是将易腐垃圾收集起来并通过高温焚烧炉直接进行焚烧处理。易腐垃圾中水分含量较高，同时含有大量的油脂。易腐垃圾的直接焚烧效率不高，且对大气产生了直接污染。焚烧是目前主流的处理方法，因为易腐垃圾的成分复杂，焚烧是比较经济简便的方式，易腐垃圾经过易腐垃圾破碎机破碎脱水之后，含水率降低，很适合做焚烧。

（六）易腐垃圾生产生物柴油

生物柴油是指以动植物油脂为原料，通过酯交换生产的柴油，也称之为再生燃油。地沟油通过酸、碱两步法，分离反应法，完全催化法等工艺制得生物油（图 4-8）。

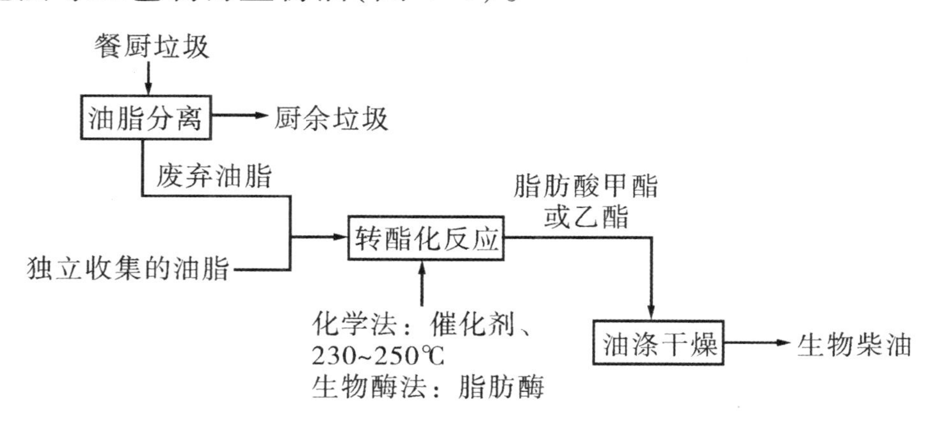

图 4-8　易腐垃圾生产生物柴油工艺流程图

（七）易腐垃圾饲料化技术

目前的饲料市场潜力巨大。由于易腐垃圾作为原料，价格低廉，供应量巨大，产品营养丰富、利润区间幅度较大，具有较强的市场竞争力。生物处理制饲料是将培养出的菌种加入易腐垃圾密封贮藏,菌种进行繁殖并杀除病原菌制成饲料;高温消毒制饲料原理是采用高温消毒原理杀除病毒,经粉碎后加工成饲料,可供禽畜食用。比较成熟的易腐垃圾加工饲料方法是将制粒技术、挤压膨化和干燥技术等手段综合利用。挤压后饲料中的细菌浓度要远远低于其他样品中的细菌浓度。由于挤压时不断升高的温度,一个单螺杆干燥挤压工艺可以大大减少潜在的病原菌浓度。

三、易腐垃圾资源化处理实例

在鼓励居民进行生活垃圾分类时,不少社区干部和志愿者曾被居民这样反驳:"如果最后还是一把火烧了、一个坑填了,那我为什么要分类?"

生活垃圾末端分类处置设施和能力还有"短板",在补齐"短板"前,一部分生活垃圾分类后的确没有得到理想的循环利用。"末端不分类,源头就没必要分类",这样的想法成了推进垃圾分类的阻碍。

从源头无害化解决易腐垃圾所引发的环境问题、垃圾分类问题、食物安全问题。所有易腐垃圾经过油水渣分离后,由专业人员分类送到处理厂进行处理,处理后的有机肥、饲料添加剂再供应给有机农场,农产品再回到客户的餐桌上,形成循环产业链(图 4-9)。

随着国内各地易腐垃圾处理厂的建成投产,例如广州市白云区的李坑综合处理厂、上海老港湿垃圾处理厂以及国内各地在乡镇的易腐垃圾就地处理设备投入使用,居民对于易腐垃圾的资源化利用越来越了解,垃圾分类的意识也日益增强。

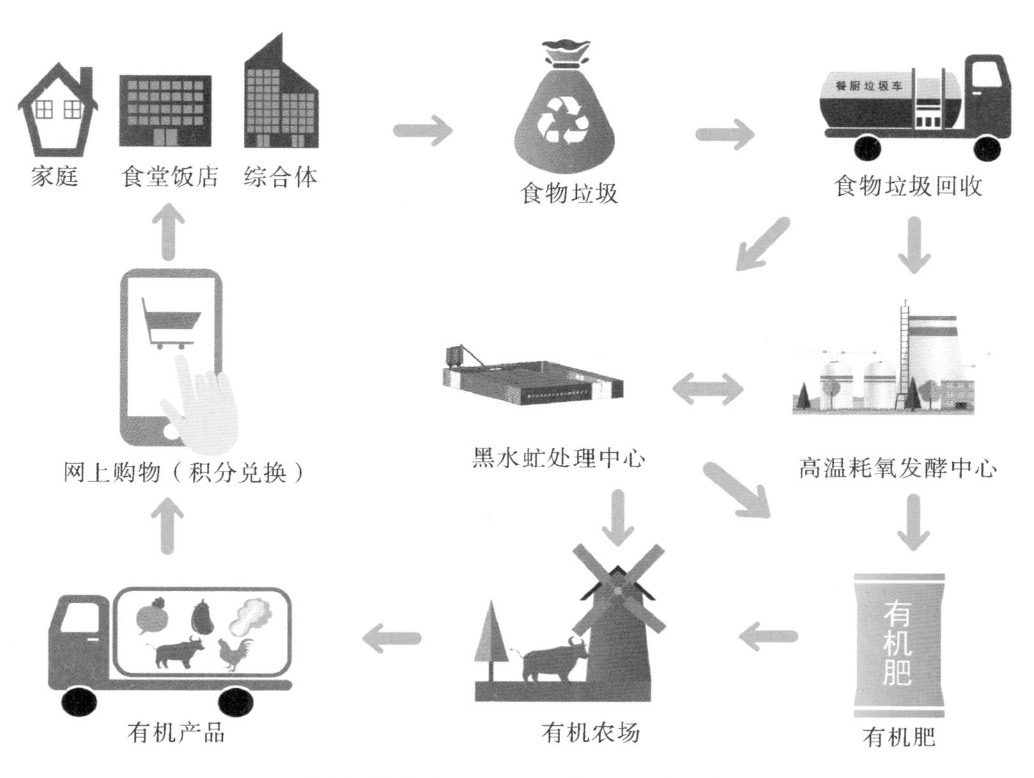

图 4-9　易腐垃圾经处理工艺后形成循环产业链

（一）易腐垃圾变肥料

在上海市园林科学规划研究院的牵线搭桥下，一些小区将分出来的易腐垃圾，主要是菜叶、果皮等交给湿垃圾处置站，通过堆肥做成有机介质。这些有机介质就用于提升奉贤首条公交快线沿线约 5 千米绿化土壤的质量。

2019 年，科研人员还在试验湿垃圾制有机介质和原土的调配配方，但施工方已经等不及了，决定在公交快线沿线种植上千棵美国红枫和染井吉野樱等“网红”树种，原因很简单：充分信任易腐垃圾的“能力”，相信提升质量后的土壤可以让树木茁壮成长。

易腐垃圾制有机介质在闵行外环林带的香樟上也大显身手。

每亩用5吨易腐垃圾制有机介质，香樟的叶绿素含量比使用前增加了1.37%~3.17%，叶面积增长了3.7倍以上。

在老港林地，“烂菜皮”还起到了“拯救”土壤的作用。试验数据表明，每年使用12立方米易腐垃圾制有机介质的试验地，平均每年土壤的有机压含量增加了0.85%。这意味着，一些有机质含量不合格的绿化用土壤，最多不到两年就可借助易腐垃圾制有机介质肥沃起来。

（二）易腐垃圾变沼气

上海最大的易腐垃圾资源化利用项目——老港易腐垃圾项目于2020年年底投产，这是为易腐垃圾量身定制的新处理方式。易腐垃圾在密闭条件下进行厌氧发酵处理，有机物降解后产生沼气，用于供热与发电，而处理后的沼渣干化后再进行焚烧处理。

在易腐垃圾处理厂，运到这里的易腐垃圾分拣去除塑料袋等杂质后，经过粉碎、提油等步骤，将通过厌氢发酵产生沼气，并用于发电。残余的沼渣将被送入焚烧炉焚烧处理。1吨易腐垃圾产生的沼气大概有80立方米，可以发电150千瓦时左右。

这种处理方法使用方便，可不必将厨余、果皮、菜杂等收集保管或放入塑料袋中，待运输处理时致使发臭、招米蚊蝇蟑螂之麻烦；可将厨余滤水后随时放入处理机内自动处理；也可根据厨余数量、安装不同大小的机种，并可在任何地点安装。

第三节　易腐垃圾的妙用

一、蔬果渣可清除油污

很多居民喜欢在家里囤东西，但是遇到家里的蔬果放久了不新鲜的时候，一般都会直接丢弃。其实，平常被我们随意丢弃的苹果核、马铃薯皮以及胡萝卜头等蔬果渣，都能用来擦除餐具上的油污、油烟机身等不锈钢台面，使原本油污、暗黑的家具焕然一新。

二、喝剩的可乐可清理马桶

装有液体的饮料瓶，在丢弃的时候需要把瓶子里面的液体倒掉再进行分类投放。类似可乐、雪碧等碳酸饮料是具备去污功能的，一般没有了气泡的可乐都因为口味变化而被丢弃，其实只要将喝剩的可乐倒入泛黄的马桶，或者将生锈的金属物浸泡在其中，只需要 10 分钟左右，马桶污垢、金属绣物就能被轻易清除（图 4-10）！

图 4-10　喝剩的可乐可清理马桶

三、过期的牛奶可擦皮鞋、地板

稍不注意，家里买的牛奶便过期发酸了，可以用它来保养皮鞋。只需用纱布蘸上发酸的牛奶，均匀地涂抹在鞋面上，并轻轻擦拭，再用干布擦掉，就可以使鞋面恢复亮丽！同理，将过期的牛奶用两倍的水稀释后，用抹布浸湿后拧干再用来擦地板，也能让地板亮丽如新。装牛奶的纸质盒和玻璃瓶都是属于可回收物，一定要把里面的液体倒干再分类投放（图 4-11）。

图 4-11　过期的牛奶可擦地板、皮鞋

四、茶叶渣可消除臭味

在刚装修完的新房子或者散发异味的厨房，可以使用茶叶渣来净化空气。首先把茶叶渣脱水沥干后放置在散发异味的空间，隔上一段时间后即可消除异味，还能让房子、厨房散发茶叶的淡淡清香。茶叶渣其实属于易腐垃圾，应该注意沥干水分后再进行分类投放。

五、吃剩的面包可清除墙壁污垢、除臭

厨房的墙壁常因黏附油烟而变得油腻，这时候，利用吃剩的面包就可以轻松擦除油腻物，省事又环保（图 4-12）；而且面包就像是活性炭，具有除臭的功效，只要将其捏碎放入散发异味的空间，一段时间后就能清除异味。吃剩的面包其实是属于易腐垃圾，要注意分类投放进易腐垃圾箱。

图 4-12　吃剩的面包可清除墙壁污垢

六、剩余的咖啡渣可做护肤品

细腻的面部肌肤不适合使用粗糙的咖啡渣，但是我们可以利用它们，让身体的肌肤变得更健康（图 4-13）。咖啡因具有紧致和唤醒皮肤的功效，将 1 杯咖啡渣、6 汤匙椰子油、3 汤匙海盐或糖混合，可以自己动手制作出效果不错的护肤品。

图 4-13　剩余的咖啡渣做可护肤品

七、在浴室中将茶包再利用，或冰敷眼睛

用洋甘菊或生姜之类的茶包,可以来一场舒缓、芳香的沐浴。此外,还可以使用凉爽的茶包敷眼睛,尤其是洋甘菊或绿茶,可以消减浮肿和黑眼圈(图 4-14)。

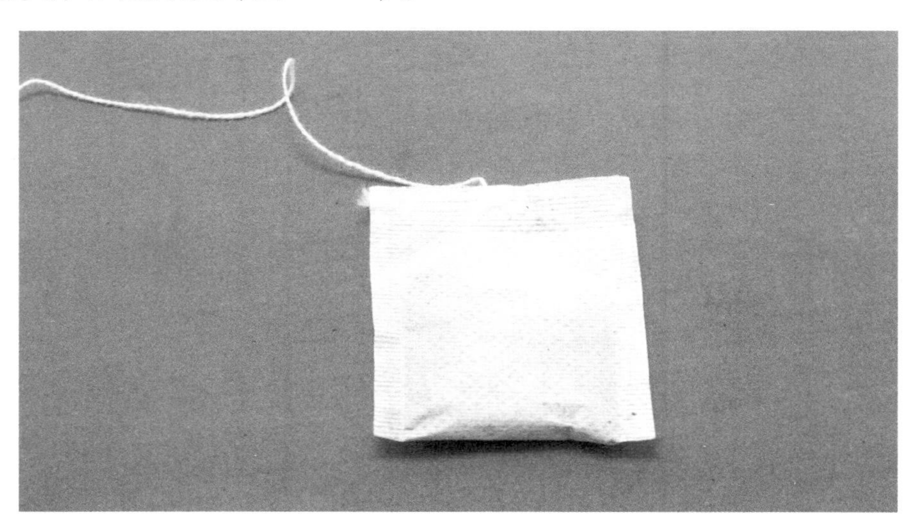

图 4-14　茶包再利用

八、谷壳类的应用

鱼刺、鱼鳞、鸡蛋壳、鱼肚肠、肉骨头、鱼骨头，剪掉的头发、指甲、鸡鸭毛、蟹壳等，这些杂物都含有非常丰富的磷质，发酵腐烂后用来浇菜，就会使蔬菜色艳、光亮、果实丰满。羽毛或猪毛等直接埋入花盆边土内或经浸泡沤成磷肥，其肥效可达 2 年之久。

将鸡蛋壳内的蛋清洗净，在太阳下晒干，捣碎，再放入碾钵中碾成粉末，即可按 1 份鸡蛋壳粉 3 份盆土的比例混合拌匀，上盆栽培蔬菜，也是一种长效的磷肥。一般在栽植后的浇水过程中，有效成分就会析出，被蔬菜生长吸收利用(图 4-15)。

图 4-15　谷壳类再利用

九、淘洗水的应用

淘米水、剩茶叶水、洗牛奶瓶子水、洗鱼肉水、煮蛋的水、养鱼缸中换下的废水等都是生活中很好的钾肥,使用钾肥可以提高蔬菜抗倒伏和抵抗病虫害的能力,可以直接浇灌蔬菜。

本应躺在垃圾箱中,流淌在下水道里的食物残渣二次发挥作用,物尽其用,在热腾腾的羹汤中、在透明的高脚杯里、流连在皮肤上、游走在唇齿间,让食材在生命的最后,燃尽自己最后的微光,这是对食物最大的奖赏!

对生活的无限热爱和对生命无尽探索,让屋子里的易腐垃圾变废为宝。热爱生活的你我他,一起努力让食物燃尽它最后的亮光吧!

第五章　其他垃圾的分类方法和综合利用

其他垃圾是可回收物、厨余垃圾、有害垃圾剩余下来的一种垃圾种类。其他垃圾危害比较小，没有再次利用的价值，一般都采取填埋、焚烧、卫生分解等方法处理，部分还可以使用生物分解的方法解决，如放蚯蚓等。

第一节　其他垃圾的分类

其他垃圾包括砖瓦陶瓷、渣土、卫生间废纸、瓷器碎片、动物排泄物、一次性用品等难以回收的废弃物，采取卫生填埋可有效减少其对地下水、地表水、土壤及空气的污染。到目前为止，人类暂时还没有有效化解其他垃圾的好方法，所以要尽量少产生（图 5-1）。

图 5-1　其他垃圾标识

一、其他垃圾的主要类别

其他垃圾主要类别包括：混杂、污损、易混淆的纸类，塑料、废旧衣服及其他纺织品，废弃日用品、清扫渣土、骨头贝壳、水果硬壳、坚果、陶瓷制品等生活垃圾（图 5-2）。

如：污损纸张纸盒、胶贴纸、蜡纸、传真纸、污损的保鲜膜、软胶管、玷污的餐盒、垃圾袋、镜子等有镀层的玻璃制品、尼龙制品、编织袋、旧毛巾、内衣裤，一次性干电池、LED 灯、动物筒骨头骨、粽子叶、玉米棒、玉米衣、蚝壳、贝壳、螺蛳壳、榴梿壳、椰子壳、核桃壳、花生壳、牙签牙线、猫砂、宠物粪便、烟头、破损鞋类、干燥剂、废弃化妆品、毛发、破损碗碟、破损花瓶、创可贴、眼镜、木竹餐具、木竹砧板、土培植物、路面清扫的树叶、路面清扫的灰土等。

图 5-2　生活中其他垃圾的常见类型

二、其他垃圾分类注意事项

(1)利用废弃建筑混凝土和废弃砖石生产粗细骨料,可用于生产相应强度等级的混凝土、砂浆或制备诸如砌块、墙板、地砖等建材制品。粗细骨料添加固化类材料后,也可用于公路路面基层。

(2)利用废砖瓦生产骨料,可用于生产再生砖、砌块、墙板、地砖等建材制品。

(3)渣土可用于筑路施工、桩基填料、地基基础等。

(4)对于废弃木材类建筑垃圾,尚未明显破坏的木材可以直接再用于重建建筑,破损严重的。

第二节　其他垃圾的回收利用

将其他垃圾资源化、无害化处理,是保护环境的关键所在。其他垃圾是可回收垃圾、厨余垃圾、有害垃圾剩余下来的一种垃圾,包括砖瓦陶瓷、渣土、卫生间废纸、瓷器碎片等难以回收的废弃物。

一、填埋法

填埋是大量消纳城市生活垃圾的有效方法,也是所有垃圾处理工艺剩余物的最终处理方法,我国目前普遍采用直接填埋法。所谓直接填埋法是将垃圾填入已预备好的坑中盖上压实,使其发生生物、物理、化学变化,分解有机物,达到减量化和无害化的目的。填埋处理方法是一种最通用的垃圾处理方法,它的最大特点是处理费用低,方法简单,但容易造成地下水资源的二次污染。

随着城市垃圾量的增加,靠近城市的适用的填埋场地愈来愈少,开辟远距离填埋场地又大大提高了垃圾排放费用,这样高昂的费用甚至无法承受。

二、焚烧法

焚烧法是将垃圾置于高温炉中,使其中可燃成分充分氧化的一种方法,产生的热量用于发电和供暖。目前较为先进的垃圾转化能源系统可将湿度达7%的垃圾变成干燥的固体进行焚烧,焚烧效率达95%以上,同时焚烧炉表面的高温能将热能转化为蒸汽,可用于暖气、空调设备及蒸汽涡轮发电等方面(图5-3)。

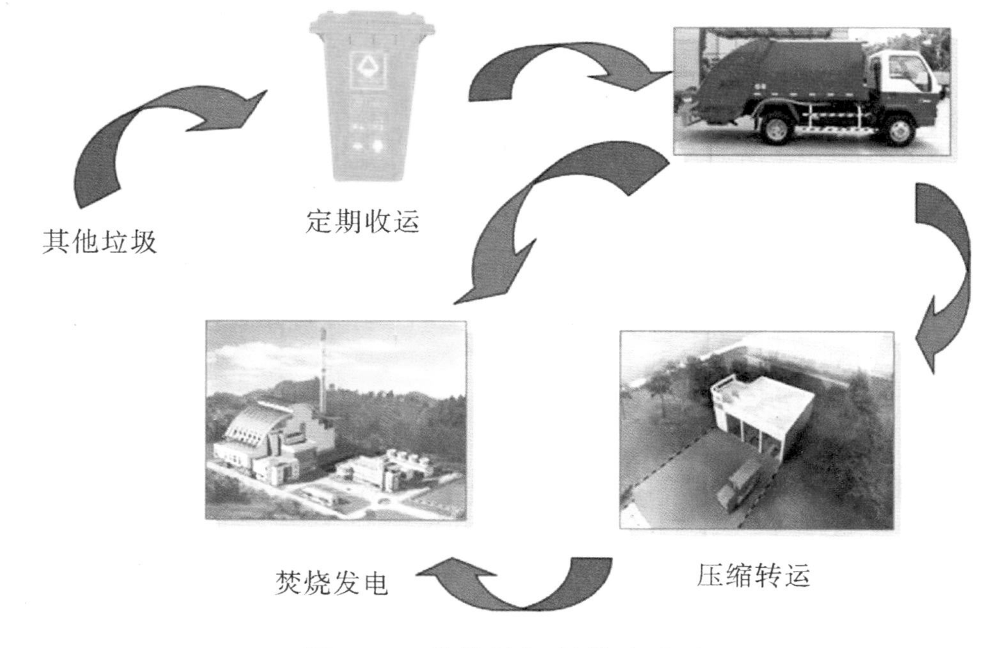

图5-3 其他垃圾焚烧发电法

焚烧处理的优点是减量效果好(焚烧后的残渣体积减小90%以上,重量减少80%以上),处理彻底。但是,焚烧厂的建设和生产费用较为昂贵。在多数情况下,这些装备所产生的电能价值远远低于运行成本,会给当地政府留下巨额经济亏损。由于垃圾含有某些金属,焚烧具有很高的毒性,产生二次环境污染。对环境的污染和浅表性、漫长性侵害,主要包括垃圾燃烧后的空气污染。

三、堆肥法

将生活垃圾堆积成堆,保温至70℃储存、发酵,借助垃圾中微生物分解的能力,将有机物分解成无机养分。经过堆肥处理后,生活垃圾变成卫生无味的腐殖质,既解决垃圾的出路,又可达到再资源化的目的。但是生活垃圾堆肥量大,养分含量低,长期使用易造成土壤板结和地下水质变坏,所以堆肥规模不宜太大。

第三节　其他垃圾的“变身”

一、炉渣的“变身”

炉渣是在垃圾焚烧过程中产生的,约占焚烧垃圾量的20%,其主要是由熔渣、玻璃、陶瓷和砖头、石块等组成的非均质混合物,还有一定量的塑料、金属物质和未完全燃烧的纸类、纤维、木头等有机物。

一般情况下，粒径大于20毫米的焚烧炉渣大颗粒组分主要以陶瓷、砖块和铁为主，而粒径小于20毫米的小颗粒焚烧炉渣组分则主要以熔渣和玻璃为主。原状炉渣呈黑褐色，风干后为灰色，含水率为10.5%~19.0%，自然堆积密度为0.86吨/立方米，振捣实密度则为1.05吨/立方米。焚烧炉渣有刺激性气味，像臭鸡蛋，久闻有眩晕感。但是炉渣属于一般废弃物，它从炉中落入输送机，经过降温后送至炉渣堆放处，经过加工处理后，可用于铺路、制砖的辅料，进行再利用。

（一）制作建材原料

炉渣可以用作道路柔性路面基层和底基层材料，与传统碎石材料相比，炉渣是优异的高致密替代碎石材料（图5-4）。当炉渣代替原始材料作为基层材料时，不会有额外的能量消耗或物料消耗。目前，大粒径炉渣（15毫米以上）能为路基集料直接应用于市政道路工程；以2~15毫米炉渣为集料，2毫米以下为粉料并以水

图5-4　焚烧产生的炉渣

泥为黏合剂可制备混凝土实心免烧砖(图 5-5)。此外,炉渣可进行深加工使其粒径更细,在粒径尺寸、强度、金属含量及泥土含量达到相关标准后可送往搅拌站生产商用混凝土,也可替代粉煤灰作为生产水泥的原材料。

图 5-5　炉渣制砖

(二) 筛分金属再生

炉渣中的废旧金属主要为铁、铜和铝等,通常可回收金属含量为 5%~8%,具有一定的资源化回收价值,往往通过回收处理可以再次利用。通过对生活垃圾焚烧炉渣中有价金属铁、铝、铜的可回收性进行研究,结果显示生活垃圾焚烧炉渣中铁的磁选回收率为 14.8%,铝和铜的回收率分别为 73.1%和 52.7%。

(三) 制作吸附剂

吸附技术在污染物去除中应用较多。生活垃圾炉渣所对应的吸附容量相对较高,并且具有较强的阳离子交换能力,可以吸附水中的重金属,炉渣制作成吸附剂备受外界关注。炉渣与天然沸石的成分相似，炉渣转化为沸石型材料已被证明是一个有前景的方案。炉渣在强碱条件通过水热转化转换为沸石型吸附材料，其表现出的性能优于天然沸石型吸附材料。

二、飞灰的“变身”

生活垃圾焚烧飞灰是指焚烧厂烟气净化系统捕集物以及烟道和烟囱底部沉降的残留物，其中含有苯并芘、苯并蒽等有机污染物和铬、镉、汞、铅、铜、镍等重金属以及氯化钠、氯化钾等可溶性盐和一氧化碳等成分，飞灰属于《国家危险废物名录》中的 HW18 类危险废物。根据《2018 年中国统计年鉴》统计数据，预计到 2020 年，全国城镇新增生活垃圾无害化处理设施能力可达 34 万吨/天，垃圾总焚烧量达 59.14 万吨/天，年产生垃圾焚烧飞灰量约 1000 万吨。

由于垃圾焚烧飞灰污染物质不稳定和成分不确定，使其无害化处置和再生循环面临很大困难。目前普遍采用螯合剂对其进行稳定化固化处理后，再对飞灰进行安全填埋。但是，随着全国垃圾填埋场与危险废弃物填埋场的容量已接近饱和，垃圾焚烧飞灰的处置现成为制约垃圾焚烧业的瓶颈问题。但是经过无害化处置的飞灰还是具备资源化应用的潜力。

（一）生产水泥

由于飞灰中含一些物质，其与水泥生产原料成分接近，可以用于替代生产水泥的部分原材料。在传统水泥生产过程中，需要耗费大量的石灰石和能量，同时生产 1 吨水泥会产生 1 吨二氧化碳。将飞灰替代部分石灰石不仅可以节省资源并减少二氧化碳排放，

同时水泥煅烧还可以降解飞灰中的有毒有害物质。但由于飞灰中的氯离子含量较多,对水泥品质会产生一定的影响,要确保水泥的性能满足环保要求,还需要对飞灰进行一定的预处理。

(二)制备水泥混凝土

飞灰中氧化钙等物质,与常用的辅助胶凝材料高炉矿冶粉煤灰等非常接近,可用于水泥混凝土的制备。

(三)制建材原料

垃圾焚烧飞灰中含有大量的氧化钙等,可以代替部分建材原料,但需预处理,稳定固化其中的重金属等有害物质。当温度升至1000℃左右时,飞灰在高温状态下开始熔融成玻璃状态,而且飞灰中的有机污染物被降解,重金属也包裹在玻璃体中(图5-6)。针对国内生活垃圾特点,开发出了一套适配中国垃圾焚烧高盐分飞灰的新型综合资源化利用等离子体飞灰熔融工艺,彻底实现了飞灰处理的无害化、减量化和资源化,其采用先进的等离子熔融技术,产生的1500℃高温可以彻底摧毁二噁英;同时,经配方设计将重金属键固化成玻璃体,稳定性达上千年,生成的玻璃体可作建材。

图5-6　飞灰等离子体熔融处理

第六章　国外垃圾分类的经验

国际上典型的垃圾分类模式主要有三种:一是以美国为代表的简单分类模式。美国的垃圾分类是与其以填埋为主的处理方式相适应的,只简单地分为2~3类。美国政府认为废塑料等垃圾目前还不具备开发利用的经济价值,但留给后人却是重要的战略资源。从国家资源储备的战略高度出发,美国垃圾目前以填埋为主,填埋量已经占到垃圾产生总量的50%以上。二是以德国、瑞典等欧盟国家为代表的有限分类模式。欧盟从绿色环保发展的需要出发,以资源化利用为结果导向对垃圾进行有限分类。居民大体上将垃圾分程5~6类,把有机垃圾分出,然后通过工业化分选装备进一步精细分选,再直接回收利用;对可生化组分和可燃组分进行生化和焚烧处理,进一步资源化。三是以日本为代表的无限分类模式。日本由于土地资源稀缺、填埋受限制,且各类矿产资源短缺,决定了他们采取的模式是无限分类与焚烧处理。日本最早提出推进垃圾精细化分类,他们将垃圾分成很多类,首先是资源化处理,实在不能再细分的,进行焚烧处理。

第一节　美国的垃圾分类

为了保证国家的清洁美好，美国大力推动支持居民将家中废物垃圾尽量回收利用，以保护生态环境。美国各州对于处理垃圾回收都有各自不同的要求和法规，比较典型的是美国的三只桶和一辆车。

在美国，人们很自觉对垃圾进行分类投放，是因为法律法规的制定。1976 年，美国国会制定了《资源保护与回收法》，这是美国处理固体和危险废物的主要法律。为了与这一法律配套，美国环保局制定了上百个关于固体废物、危险废弃物的排放、收集、贮存、运输、处理、处置回收利用的规定、规划和指南等，形成了较为完善的固体废物管理法规体系。每个州会在联邦法律的基础上，制定自己的法律法规，使得现在垃圾回收的成果显著。

美国家庭都会有三个不同颜色的垃圾桶（分别是绿色、蓝色、黑色），平时都在自己的院子里，每周都会有政府专用车来拉走垃圾。

图 6-1　美国家庭用三色垃圾桶

绿色垃圾桶是用于放从家庭植物树枝、节日树、野草、嫩枝、树叶上割下来的草、树叶。需要注意的是:树枝长度小于0.127米,直径小于0.152米,如放在垃圾桶内盖子必须能关上,草皮要去除泥土,圣诞树要去除装饰物,必须切成小于0.127米的大小。

蓝色是放可回收垃圾如报纸、纸质的书、塑料袋、食品包装盒、金属管道或者部件等可以重新制的二次材料等。可回收垃圾又细分为金属类如小型电器(面包机、华夫饼压具、粉碎机等多铁的产品)、金属盖子、钥匙、金属锅等;玻璃类如棕色、透明、绿色的玻璃瓶或罐头食物和饮料容器;塑料制品如汽水等塑料瓶、洗洁精洗衣液洗发水瓶、PVC管、硬塑料玩具、盒子药瓶等;纺织物如干净的棉、麻、化纤、羊毛织物、毛毯、床单、布匹等。必须注意的是投放时需要清空,刮净容器,压扁硬纸板和盒子,纸张和布料需要撕碎后放入透明塑料袋中。

黑色放食物残渣、水果和蔬菜残渣等能引来苍蝇的生活垃圾,如剩饭剩菜、面包、空心粉、谷物、鸡蛋壳、坚果壳、肉、鱼、禽、豆子、乳制品(酸奶、奶酪等等)、被食物污染的纸张、油腻的比萨包装盒、咖啡过滤纸和茶叶袋、被食物污染的纸毛巾和餐巾纸、粉碎过的纸张、盛放食物残渣的纸包装袋、纸质的鸡蛋和水果容器、上了蜡的纸和包装盒、表面不光泽的纸盘和纸袋、可以降解的碗、杯子、盘子以及食物打包容器等。必须注意的是食物残渣里面禁止出现塑料、玻璃、金属制品以及纸尿裤或者宠物粪便。

处理这些垃圾需要大量的人力和物力,所以在美国有将近2万多家垃圾回收公司(这些公司或将不断地增加)为不同的城市提供服务。另外这些服务是有偿的，包括垃圾清运在内，居民需要每月向政府缴纳一定数额的“卫生服务费”。需要注意的是含有有害物质的电池、键盘等电子产品以及庭院垃圾等，居民需自行将其送往相应的回收中心。家庭有毒垃圾分为：机油、电池、化学物质、化肥、溶解剂、医药垃圾针头、注射器、家电微波炉、电视机、计算器、收音机、座式电话、灭火器等。

小的垃圾物件都可以塞进垃圾桶进行常规处理，那么大件垃圾例如家具、家电、床垫这种大型垃圾要怎么处理呢？在美国很多人喜欢将大件家庭垃圾送给有需要的人或者卖给二手市场，如果损坏到不可以用的情况下就需要自己联系公共服务公司，自己花钱处理掉。而不同的居住环境处理的方式也不一样，在独立别墅需要自行约垃圾公司前往收集处理，联排别墅和公寓住户可以让物业管理安排处理。

垃圾处理需要大量的资金去维护，这部分钱来自于每季度所交的房产税。美国房产税的税率，依照房产价值而定。房产税所交的数目，按市政府给房子估价，所以房产税算是一笔不小的开销。房产税的使用大头是公立学校的经费，其次是市政府开销，包括图书馆、警察局。花在其他方面的包括垃圾收集处理，相比之下寥寥无几。

餐饮服务的垃圾车和民宅的垃圾车有所不同，这种车特别干净，穿梭于商业中心，在午后交通不拥挤的情况下，这些车到饭店后面的专用垃圾桶装运垃圾。这种车密封系统特别好，一点异味没有，和大垃圾桶的配合非常严谨合适，司机师傅也穿得就像一个技术工人一样（图 6-2）。

图 6-2　美国街头流动的垃圾车

第二节　英国的垃圾分类

英国的垃圾分类在欧洲是非常严厉的，两个词便可概括：强制、罚款。在英国，一个最深的感触就是英国人对垃圾分类的高度自觉。

英国家庭一般至少有两个垃圾桶。一个用来存放不可回收的生活垃圾，如果皮、饭菜之类。即使是处理这一类垃圾，在扔掉之前人们都会确保垃圾袋已经捆绑好，以保证垃圾不会掉出来，垃圾箱周围不会有异味，不招苍蝇，没有污染公众环境。另外一个桶则是存放可回收的垃圾，包括玻璃瓶、塑料瓶、纸张等，这个桶也针对这三种垃圾做好了分区。此外像玻璃瓶、塑料瓶，人们都会扔掉之前自觉地用清水把瓶子洗净，这样也就方便了回收站的工作人员。

英国各地的垃圾分类并非完全一样，垃圾箱的数量、颜色也可能有少量变化，如伦敦部分地区允许只用两个垃圾箱，一个灰色，装生活垃圾；一个蓝色，装可回收垃圾。一般来说，每家都有三个垃圾箱：绿色、蓝色和棕色。绿色投放食品废弃物，面包、糕点、熟食、生肉（包括骨头）、剩菜、鲜花、植物、水果、蔬菜、树叶、茶包、咖啡，树枝等；蓝色投放纸质和卡片，如杂志、报纸、传单、广告纸、纸板、纸箱、食品及饮料纸盒、信封、卡片，包装纸等；棕色投放玻璃瓶、易拉罐和食品罐或瓶子、喷雾罐、锡箔纸、外卖托盘、铝箔（作为包装材料）、所有的塑料瓶等。有些地方的居民家里甚至需要使用9种垃圾桶。废弃食品要先放入泔水桶，之后再倒入户外的公用绿色大垃圾桶中。塑料瓶要放入粉红色的垃圾桶中，装玻璃、金属片、罐头盒和喷雾剂罐要丢进银桶里，硬纸板要放入绿桶中，报纸和杂志归入蓝桶，衣服和纺织品要入白桶，花园废物要装在带有褐色桶里，而不可回收的废物要放入单独的一个灰桶中。还有专门的装宠物粪便的公用垃圾桶（图6-3）。

图6-3　专门装小狗粪便的公用垃圾桶

扔垃圾的时间可分两类:一类是居住在公寓、宿舍中,有公共垃圾回收点,那么分类后扔进对应垃圾箱就可以,没有时间限制;另一类是居住在独立建筑中,没有公共垃圾回收点,就要在自家门口按照规定准备不同颜色的垃圾箱。每周二有垃圾车来收一次,每周回收的垃圾桶颜色不同,这一周收绿桶,下一周收蓝色和棕色的桶。每到周一傍晚,就会看到各家把垃圾桶从院子后面拖出来,放在家门口(图 6-4)。对于分类不合格的垃圾桶,垃圾车拒绝回收,并贴上色的纸条,告诉住户此种颜色的垃圾桶只能用来装哪一类垃圾。由于垃圾车一周只来一次,如果被拒绝回收,就只能等到隔周的周二才能有机会清空垃圾桶了。

图 6-4　标有门牌号的英国垃圾桶

如果不清楚本地垃圾分类规则可以上网查询,例如伦敦居民可在搜索引擎中输入“waste and recycling”加上行政区名字,其他地区用“waste and recycling”加上城市名字搜索就可找到。

目前，英国垃圾分类处理已经取得了很大的成效。例如用生活垃圾制作的绿色堆肥供不应求；用废纸和其他纤维物质碎屑生产的不含硫和氮的高热量燃油，成本比目前世界品牌油还便宜；用已没有利用价值的垃圾经过焚烧发出的电送到了千家万户……

总的来说，英国的垃圾处理在立法与规章的保障下，在先进技术和设备的支撑下，无论是分流收集、回收再利用，还是堆肥、填埋等处理技术都有了质的飞跃，这不仅归功于立法的严明，还离不开广大居民的遵守和配合。

第三节　日本的垃圾分类

在日本，如果你不严格的执行垃圾分类的话，将面临巨额的罚款，在以住宅团地为单位的区域社会，会落下“不履行垃圾分类”的名声。随便一个小小的商品，纸张或塑料，都有分类处理的标识，即日本人在丢弃的时候必须分开丢弃（图 6-5）。分类后的报纸被直接送到造纸厂，用以生产再生纸；饮料瓶、罐和塑料等被送到的工厂处理后做成产品；电视和冰箱等被送到专门的会社，进行分解和处理；至于大衣柜和写字台被粉碎型垃圾车吞进肚里后，再次分类后成为有用之材。

在日本，有很多环保的生活习惯在家庭里传承。垃圾分类对日本的孩子来说，是从小就看惯了的事，成年人遵守得一丝不苟，榜样的力量就会铸就他一生的习惯。日本超市里的塑料盒被主妇们带回家，她们把菜拿出来后，会把塑料盒洗干净，自觉送回超市；

图 6-5　严苛细致的日本垃圾分类

吃完饭后,有油的碟子要先用废报纸(日本的油墨是大豆做的)擦干净再拿去清洗,这样会减少洗涤剂使用和让难分解的油污进入下水道;厨房的废油,主妇们会自己出钱去超市购买一种凝固剂,凝固剂倒入废油,油就成为固体了,然后将固体的油用报纸包好,作为可燃垃圾处理掉;比如一个香烟盒,包含纸盒、外包的塑料薄膜、封口处的那圈铝箔。这个香烟盒就要分三类:外包是塑料,盒子是纸,铝箔是金属,所以这件东西就要分三类丢弃。

在日本社会生活中也有很多环保的习惯,人们不会拿着瓶子满街丢弃,他们会在自动售货机旁边喝完,把瓶子留在旁边的垃圾桶里再离开。日本的食品及其他生活用品以纸包装、环保包装居多。从自动贩卖机购买一盒纸装饮料,价格中含有 10 日元押金,当消费者饮用完毕,将折叠好的纸包装投入旁边的自动回收机后,押金就会自动返还。

在日本，垃圾回收的时间是固定的，错过了就要等下一次。比如厨余垃圾被叫作“生垃圾”，因为它会腐败和产生味道，因此一周有两次回收的时间。每年 12 月，市民会收到一份年历，每天的颜色不同，这些颜色分别代表不同垃圾的回收时间（图 6-6）。

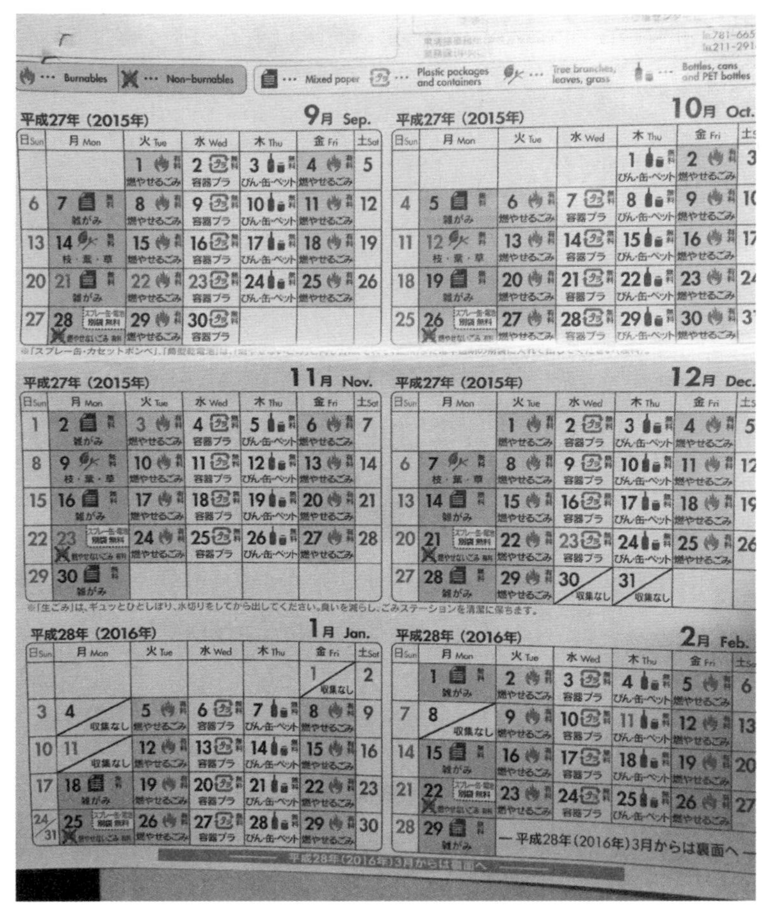

图 6-6　垃圾回收年历

下面以两个例子来了解一下日本生活垃圾的处理方式。

以牛奶盒处理为例，要严格执行烦琐的清理过程。日本鲜奶多采用方形纸杯包装，这种纸杯所用的纸张因属于优质纸的缘故，有较高的回收率。首先需要把牛奶盒里的牛奶喝得干干净净；接着在装着水的桶里汲水来清洗牛奶纸盒;把洗好的牛奶盒水倒干以后放在通风透光处晾晒;把前一天晒好的牛奶盒用剪刀剪开,方便收集;工作人员来收集处理好的牛奶盒。

再以饮料瓶的处理为例,在日本丢弃之前需要以下五个步骤。喝光或倒光;简单水洗;去掉瓶盖,撕掉标签;踩扁;根据各地的垃圾收集规定在“资源垃圾”日拿到指定地点,或者丢到商场或方便店设置的塑料瓶回收箱。

在日本,丢垃圾都是充满了人文关怀,很多丢弃充满了感人的细节。丢弃的废电器,电线会捆绑在电器上;扔掉可使用的自行车上会贴一张小纸条:“我是不要的”;盛装液体的容器,是被空干、清洗干净后扔掉的;带刺或锋利的物品,要用纸包好再放到垃圾袋里;用过的喷雾器,一定要扎个空,防止出现爆炸现象。

日本几乎做到了垃圾百分之百回收,依赖的不是先进的技术和发达的科技,是全民对环境的敬畏、真挚的感情和高度的民众的自觉性。

第四节　德国的垃圾分类

德国是全球垃圾循环利用做得最好的国家之一,其垃圾循环利用率达65%左右,包装行业可以达到80%以上,在全球处于领先地位。

在德国,每个居民楼附近都有若干并排放置的棕色、蓝色、黄色和灰色塑料垃圾箱。这四种颜色依次对应生物垃圾(即剩菜剩饭等厨余垃圾）、纸张纸板垃圾、以产品包装为主的可回收物垃圾和其他垃圾（图 6–7）。此外，每片居民区还设有几处分别回收绿色、棕色和透明玻璃制品的垃圾箱，没有押金的玻璃酒瓶通常会扔到那里（图 6–8）。有押金的玻璃酒瓶和塑料水瓶则可以通过传送带运到各大连锁超市的自动回收机。自动回收机随后吐出的代金券可用于在超市付款或兑换现金。因此在德国一些大城市的街头，时常能看到流浪汉和低收入者在垃圾箱里翻找有押金标志的塑料瓶和玻璃酒瓶，回收瓶子成了他们改善生活的一项“福利”。

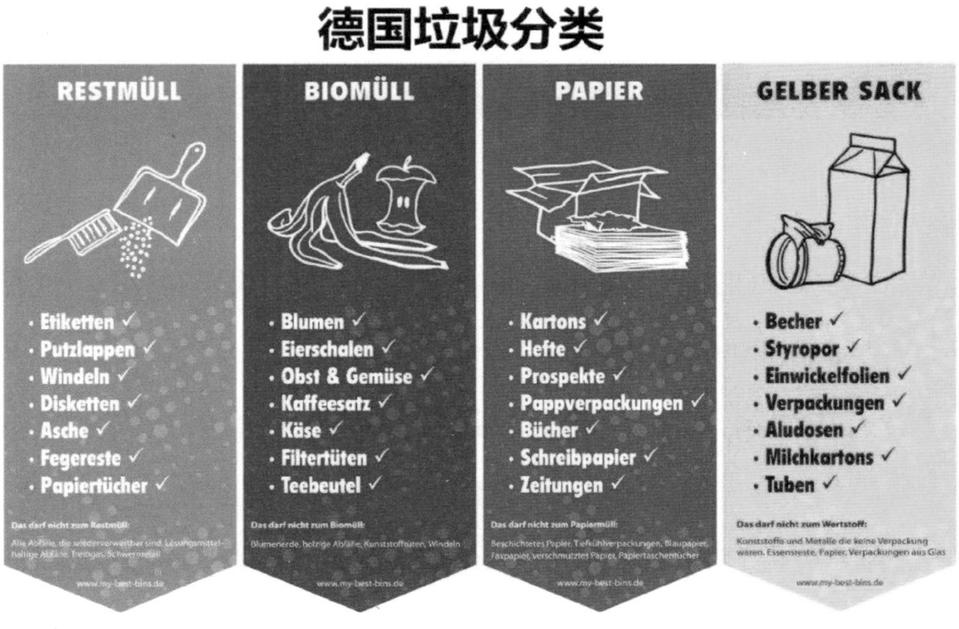

图 6–7　德国垃圾分类标准

说到“福利”，德国的一些超市门口和街头巷尾还设有旧衣旧鞋回收箱。这些回收箱通常由德国红十字会等民间公益组织运营，但也有一些由营利性企业设置。按照张贴在回收箱上的说明，捐献者须将旧衣物鞋帽清洗干净并包装好后投入回收箱。运营者

图 6-8　德国回收玻璃制品的垃圾箱

则会将收集来的旧衣旧鞋进一步分类处理后，捐赠或作为二手货卖到拉美和非洲的一些国家。

此外，在德国，很多人都会通过在门口贴告示或在网络平台发帖的方式试图送出自家功能完好的旧冰箱、旧洗衣机或大件家具。因为在德国，如果要丢弃大型家电和家具，只能花钱找人上门回收或者自己想办法将其运到郊外的大件垃圾处理厂。而即便将大件垃圾运到那里，一旦垃圾的总体积超过了免费额度（例如 3 立方米），那么超额的那部分仍然要付费才能丢弃。有鉴于此，能送掉旧电器和家具反倒两全其美。不过，弃置小家电和电池在德国并不麻烦。虽然住宅区的垃圾箱没有它们的容身之地，但很多连锁超市和电器商店都免费回收。

回收玻璃制品的垃圾箱，上面标明了允许投放的时间，以免噪音扰民。

德国如今的垃圾分类回收体系是从 20 世纪 60 年代起用几十年的时间逐步建立的。而这一体系之所以能有效运转，一方面在于德国人普遍有较强的环保意识，愿意用个人的“麻烦”换来清洁的环境；另一方面则在于德国有关法规对垃圾分类回收做出了强制规定。

垃圾分类回收在德国起初是自发性和区域性的。直到 20 世纪 60 年代初，联邦德国政府才通过建立垃圾回收利用业协会的方式加以引导。20 世纪 70 年代到 80 年代，工业污染导致的酸雨造成欧洲森林大面积死亡。到 1983 年，西德原有的 740 万公顷森林有 34%染上枯死病。森林成片枯死的恐怖电视画面直观地震撼了德国社会，不仅催生了环保政党绿党这一当今德国举足轻重的政治力量，更从此让环保意识在德国深入人心。德国民众从为保护树木而回收纸张开始，在 20 世纪 80 年代逐步成规模地自发分类回收垃圾，为此后德国的循环经济积累了经验。

1991 年，重新统一不久的德国颁布了《包装条例》，规定消费品生产企业有回收包装材料的义务，正式启动了德国的垃圾分类回收体系。而为了进一步理清企业和个人在垃圾分类回收过程中的权责，德国又在 1996 年颁布了《循环经济法》。2015 年，修订后的《循环经济法》首次规定个人有义务分类垃圾，这意味着，不分类或错误分类垃圾从此成了违法行为。德国各地方政府对相关违法行为的处罚力度不一。根据 2019 年的德国罚款目录，违法弃置垃圾的罚款额度因恶劣程度不同在 10 欧元(1 欧元约合 7.8 元人民币)至 5000 欧元不等。

当然,普通民众很少会因为错误分类生活垃圾而被罚款。在德国,为了避免自找麻烦,人们通常都会尽量按规定分类生活垃圾。这是因为《循环经济法》还赋予了垃圾回收处理企业拒收未正确分类垃圾的权利。这意味着,如果住户将塑料袋扔到了专收“纸张纸板”的蓝色垃圾箱,那么垃圾车很可能会一连几周对蓝色垃圾箱视而不见。直到有人将塑料袋取出,垃圾车才会收走垃圾箱内的废纸。有必要指出的是,德国居民区的四种生活垃圾箱及连带的垃圾回收服务,是房主或物业公司根据住户情况向当地垃圾回收处理企业按需购买的。而根据慕尼黑地方法院 2011 年的判例,将自家垃圾倒进别人家购买的垃圾箱内侵犯了他人财产权,是违法行为。因此,垃圾车如果因为分类不正确而拒收垃圾,住户在自家垃圾箱被填满后面临的是无处合法扔垃圾的窘境。

不过,德国以法律督促个人正确分类垃圾,也从一个侧面反映出垃圾分类并非易事。不少人对于正确分类垃圾实在有些力不从心。尽管德国从幼儿园起就有垃圾分类教育,每种生活垃圾箱上也图文并茂地标明了允许弃置和禁止投放的垃圾种类,但仍然有不少德国成年人对一些类型的垃圾不知所措。例如,蓝色玻璃瓶是该扔到玻璃垃圾箱,还是扔到灰色的“其他垃圾”箱里?如果是前者,那究竟该选绿色、棕色和透明玻璃垃圾箱中的哪个?陶瓷又该往哪里扔?如果不细查规定,很少有人知道蓝色玻璃应该扔到绿色玻璃回收箱,陶瓷则属于“其他垃圾”。

虽然德国为垃圾分类出台了较为详细的法律规定，但垃圾分类回收体系的有效运转仍然在很大程度上有赖于民众的自觉。也正是因此，德国政府有关部门和垃圾分类回收企业仍在通过各种渠道普及垃圾分类知识。

总之，德国的垃圾分类回收体系并非一蹴而就，而是依托全社会共识用几十年时间逐步建立的，并仍然在环保性和可操作性之间寻找平衡点，以期进一步完善。

第五节　瑞士的垃圾分类

提到垃圾分类，日本是备受推崇的，但是瑞士有过之而无不及（图6-9）。从20世纪80年代开始瑞士就已经在全国范围内实施垃圾分类了，并且在1990年出台第一部关于垃圾处理的法规，瑞士26个州均在联邦法律总的要求下设有各自的垃圾处理规定。比如苏黎世州政府颁发的垃圾分类手册厚达108页，内容详细，应有尽有。

在瑞士，垃圾回收主要有两种方式——定点回收和上门回收。比如厨余垃圾、普通生活垃圾必须使用超市购买的指定垃圾袋，放置各社区垃圾存放点；电视、电脑、家具等更是要花钱预约相关公司上门回收，或按照指定时间指定地点放置回收。可回收利用的旧衣物、鞋子可用专门的塑料袋投进社区的衣物回收箱中，或在规定日期前放到门口，由专人收走做进一步处理和捐赠。此外在苏黎世，不同的垃圾要丢到远近不一的不同地方，除了扔到社区的垃

图 6-9 瑞士实行严格的垃圾分类

圾桶里，一些垃圾还要放在门口等待回收，一些垃圾要亲自丢到回收站去。

瑞士人民是如何做到整齐有序投放垃圾的呢？几乎每个州的政府都制作了专门的垃圾分类处理手册，里面有分类细则、投放说明以及某些垃圾的回收日历等相关内容，甚至连垃圾袋怎么系都规定好了。手册经常更新，并且免费向每个家庭发放。

瑞士的企业社会责任非常明确，除为了赚取利润外，环境友好是需要写进企业章程的。超市里的商品无论是本土生产还是进口产品，大部分包装上面对垃圾分类的信息都有明确标注。

对于不可回收或者不愿分类的垃圾可以扔到统一的垃圾袋里面（图 6-10）。如果不分类的话正常家庭一天装满一个还是轻轻松松的。

图 6-10 瑞士不便宜的垃圾袋

瑞士的垃圾处理工人可以发现任何混进正常垃圾里面的可疑物品,并且自带雷达准确定位作奸犯科者。一旦被抓到,将被收取高额罚单。

经过多年的文化积淀,垃圾分类的意识已经渗透每个瑞士人的生活中,就像吃饭呼吸一样自然而然无须过多考量。他们不止严于律己,也互相监督,如果发现有人垃圾扔错了地方一定会耐心指导,甚至上手协助。

瑞士人的一丝不苟,在垃圾分类上体现得淋漓尽致,全社会的各类设施和制度都使得垃圾回收真正成为生活的一部分。所有到瑞士居住的人如果不学会正确扔垃圾,那根本没法生活下去。瑞士人这样的严苛,也造就了瑞士废品回收的高成就,城市废品有

47%能被回收，其中包括70%的废纸，95%的废玻璃，80%的塑料瓶，85%~90%的铝罐和75%的锡罐。瑞士还是首批循环利用塑料瓶的国家之一，现在对用过的空塑料瓶回收率已经超过80%，比欧洲其他国家的回收率高出40%~60%。

虽然瑞士被人们赞誉为“没有垃圾污染的国家”。但是，瑞士其实是欧洲的“垃圾大国”，根据2018年经济与合作发展组织公布的统计数据，每年人均垃圾产量高达705千克，瑞士用了近30年的时间才建立起来垃圾分类处理的法律法规以及管理体系。垃圾分类不是一两个人的工作，这需要全社会的共同努力。

参考文献

[1] Esra Uckun Kiran, Antoine P. Trzcinski, Wun Jern Ng, Yu Liu. Bioconversion of food waste to Energy: A review[J]. Fuel, 2014, 134(1):389-399.

[2] Gao A, Tian Z, Wang Z, et al. Comparisong between the Technologies for Food Waste Treatment[J]. Energy Procedia, 2017, 105:3915-3921.

[3] Pinto F, Costa P, Gulyurtlu I, et al. Pyrolysis of plastic wastes. Effect of plastic waste comparison on product yield. [J]. Journal of Analytical and Applied Pyrolysis, 1999, 51(1):39-55.

[4] Giada Kyaw Oo D'Amore, Marco Caniato, Andrea Travan, et al. Innovative thermal and acoustic insulation foam from recycled waste glass powder[J]. Journal of Cleaner production, 2017, 165(1):1306-1315.

[5] Zhao Youcai. Pollution Control and Resource Recovery: Municipal Solid Wastes Incineration Bottom Ash and Fly Ash[M], Cambridge: Elsevier, 2017.

[6] Sloot H A V D, Kosson D S, Hjelmar O. Characteristics

treatment and utilization of residues from municipal waste incineration [J]. Waste Management, 2001, 21(8): 753-765.

[7] Dhananjay Bhaskar Sarode, Ramanand Niwratti Jadhav, Vasimahaikh Ayubshaikh Khatik, et al. Extraction and Leaching of Heavy Metals from Thermal Powder Plant Fly Ash and its Admixtures [J]. Polish of Environmental Studies, 2010, 6(6): 1325-1330.

[8] Serafimova E, Mladenov M, Mihailova I, et al. Study on the characteristics of waste wood ash [J]. Journal of the University of Chemical Technology & Metallurgy, 2011, 46(1): 31-34.

[9]国家统计局. 中国统计年鉴[M]. 北京:中国统计出版社,2018.

[10]唐平,潘新潮,赵由才. 城市生活垃圾:前世今生[M]. 北京:化学工业出版社,2019.

[11]宋立杰,陈善平,赵由才. 可持续生活垃圾处理与资源化技术[M]. 北京:化学工业出版社,2014.

[12]王星,施振华,赵由才. 分类有机垃圾的终端厌氧处理技术[M]. 北京:冶金出版社,2018.

[13]孙艳艳,吕志坚. 美国构建餐厨垃圾等级化处理体系[J]. 全球科技经济瞭望,2014(01):56-61.

[14]唐帅,宋维明. 美国废纸回收利用的经验做法与借鉴[J]. 对外经贸实务,2014(06):27-29.

[15]钱伯章. 国外废旧塑料回收利用概况[J]. 橡塑资源利用,2009(6):27-32.

[16]郭彩云,梁川. 全球废纸资源的回收与利用[J]. 造纸信息,2018(11):9-15.

[17]柯敏静. 中国废塑料回收和再生之市场研究[J]. 塑料包装,2018,28(03):24-28.

[18]史小慧,况前,陈严华等. 城市生活垃圾中废塑料的资源化利用[J]. 中国资源综合利用,2019(2):90-92.

[19]张帆,杨述莉,杜平凡. 废旧纺织品回收再利用综述[J]. 现代纺织技术,2015,23(6):56-62.

[20]王朝,杨洋. 生活垃圾炉渣资源化利用技术探讨[J]. 环境与发展,2016,28(4):42-44.

[21]袁满昌,温冬. 焚烧炉渣的综合处理与资源化利用研究[J]. 环境卫生工程,2019,27(2):50-55.

[22]刘彩. 大件垃圾回收处理设施选址及功能优化研究[D]. 武汉:华中科技大学,2018.

[23]王罗春,蒋路漫,赵由才. 建筑垃圾处理与资源化[M]. 第二版. 北京:化学工业出版社,2017.

[24]张弛,柴晓利,赵由才. 固体废物焚烧技术[M]. 第二版. 北京:化学工业出版社,2017.

[25]张大林. 城市矿产再生资源循环利用[M]. 广州:广东经济出版社,2013.

[26]周全法,程洁红,陈娴. 废旧家电资源化技术[M]. 北京:化学工业出版社,2012.

[27]龚卫星,王光辉. 电子废弃物循环利用技术现状[J]. 中国

资源综合利用,2012,30(9):43-46.

[28]胡贵平. 美丽中国之垃圾分类资源化[M]. 广州:广东科技出版社,2013.

[29]徐帮学. 环保总动员:垃圾变废为宝[M]. 石家庄:河北科学技术出版社,2013.

[30]罗振. 垃圾资源化:你应该做的 50 件事[M]. 北京:化学工业出版社,2014.

[31]高英杰,唐在林. 垃圾分类[M]. 北京:化学工业出版社,2016.

[32]冀海波. 环保总动员:城市生活垃圾分类处理[M]. 石家庄:河北科学技术出版社,2013.

[33]陈伟珂. 社区生活垃圾分类与处置一点通[M],天津:天津大学出版社,2017.

[34]郑中原. 垃圾分类指导手册(居民版)[M]. 北京:人民交通出版社,2019.

[35]上海东方宣传教育服务中心. 垃圾分类市民读本[M]. 上海:上海人民出版社,2019.

[36]郑中原. 垃圾分类指导手册(青少版)[M]. 北京:人民交通出版社,2019.

[37]姚凤根,朱水元,何晟. 生活垃圾分类指导手册[M]. 苏州:苏州大学出版社,2012.